Rudolf Konakovsky

Definition und Berechnung der Sicherheit von Automatisierungs- systemen

Vieweg

Dr. *Rudolf Konakowski* ist wissenschaftlicher Mitarbeiter
am Institut für Regelungstechnik und Prozeßautomatisierung
der Universität Stuttgart

Verlagsredaktion: *Alfred Schubert*

CIP-Kurztitelaufnahme der Deutschen Bibliothek

Konakovsky, Rudolf
Definition und Berechnung der Sicherheit von
Automatisierungssystemen. — 1. Aufl. — Braun-
schweig: Vieweg, 1977.
   ISBN-13:978-3-528-03327-9   e-ISBN-13:978-3-322-84346-3
   DOI: 10.1007/978-3-322-84346-3

1977

Alle Rechte vorbehalten
© Friedr. Vieweg & Sohn Verlagsgesellschaft mbH, Braunschweig, 1977

Die Vervielfältigung und Übertragung einzelner Textabschnitte, Zeichnungen oder Bilder, auch
für Zwecke der Unterrichtsgestaltung, gestattet das Urheberrecht nur, wenn sie mit dem Verlag
vorher vereinbart wurden. Im Einzelfall muß über die Zahlung einer Gebühr für die Nutzung
fremden geistigen Eigentums entschieden werden. Das gilt für die Vervielfältigung durch alle
Verfahren einschließlich Speicherung und jede Übertragung auf Papier, Transparente, Filme,
Bänder, Platten und andere Medien.

ISBN-13:978-3-528-03327-9

Geleitwort

Die vorliegende Arbeit beinhaltet ein Teilgebiet aus dem sehr
umfassenden Problemkreis der Sicherheitstechnik, nämlich die Definition und Berechnung der Sicherheit von Überwachungs-, Steuerungs- und Regelungseinrichtungen (hier kurz als "Sicherheit von
Automatisierungssystemen" bezeichnet).

Schon die Themenstellung in dieser Form ist ungewöhnlich. Bisher
gibt es zwar zahlreiche Veröffentlichungen, die sich z.B. mit
der Sicherheit von Kernreaktor-Überwachungssystemen, von Eisenbahnsteuerungen, von Flugzeugregelsystemen usw. befassen. Es
fehlen jedoch nahezu völlig Arbeiten, die das Problem der Sicherheit unabhängig von speziellen Anwendungsgebieten untersuchen. Während in den beiden vergangenen Jahrzehnten eine anwendungsunabhängige "Theorie der Zuverlässigkeit" entstand, gab es
bisher auf dem damit verwandten Gebiet der Sicherheit nichts
Entsprechendes.

Ein wichtiges Anliegen der hier vorliegenden Arbeit war es daher,
zunächst eine anwendungsunabhängige <u>Definition der sicherheitstechnischen Begriffe</u> für Automatisierungssysteme vorzuschlagen.

Ein zweiter Gesichtspunkt betrifft die angewandten Sicherungsverfahren. Hier sind die Entwickler in den verschiedenen Anwendungsbereichen unterschiedliche Wege gegangen. Für eine "Theorie der
Sicherheit" ist es aber nötig, die eingeführten und bewährten
<u>Verfahren</u> zur Sicherung von Automatisierungssystemen beliebiger
Anwendungsgebiete <u>anwendungsunabhängig</u> darzustellen, d.h. eine
einheitliche Klassifizierung für die Sicherungsmethodik einzuführen.

Dazu kommt noch ein dritter Gesichtspunkt: Die Frage der <u>quantitativen</u> Berechenbarkeit der Sicherheit. Bisher wurden in einzelnen Anwendungsbereichen empirisch Regeln und Grundsätze für die
Sicherung eingeführt. Eine Steuerungseinrichtung gilt bisher als
sicher, wenn sie diesen Regeln und Grundsätzen entspricht. Viel-

fach sind diese Regeln auf bestimmte Sicherungsmethoden oder sogar auf die Verwendung bestimmter Bauelemente bezogen. So sind z.B. einige Sicherheitsrichtlinien bei Eisenbahnsignalanlagen auf die Relaistechnik bezogen. Ein wichtiges Bauteil ist dabei das sog. Signalrelais, bei dessen Konstruktion bestimmte Anforderungen zu erfüllen sind. Beim Übergang zu Steuerungssystemen mit anderen Bauteilen, z.B. Halbleiterschaltkreisen oder frei programmierbaren Prozeßrechnern, stellt sich heraus, daß sich die vorhandenen empirisch entstandenen Regeln und Grundsätze nur schwer oder gar nicht auf diese neuen Technologien übertragen lassen.

Hier zeigt sich das Fehlen quantitativer, von der verwendeten Technologie und den angewandten Sicherungsmethoden unabhängiger Sicherheitskennwerte.

Der Mangel an quantitativen Sicherheitskennwerten ist auch dann erkennbar, wenn es darum geht, zu beurteilen oder zu entscheiden, ob eine bestimmte Sicherheitsmaßnahme erforderlich ist oder nicht. Solche Entscheidungen sind bisher eine "Ermessensfrage", die je nach der Beurteilung durch den Entscheidungsträger und nach den finanziellen Möglichkeiten unterschiedlich beantwortbar ist.

Damit ergab sich als dritte Aufgabe: Es sollte versucht werden, quantitative, von der verwendeten Technologie und den Sicherungsmethoden unabhängige Kenngrößen für die Sicherheit von Automatisierungssystemen vorzuschlagen und anhand von Beispielen zu zeigen, daß diese Kenngrößen praktisch anwendbar und berechenbar sind.

In der hier vorgelegten Arbeit ist es Herrn Dr. Konakovsky gelungen, erstmalig Lösungen für alle drei genannten Aufgaben zu finden. Damit ist m.E. ein tragfähiges Fundament gelegt, auf dem eine anwendungsunabhängige "Theorie der Sicherheit" aufgebaut werden kann.

Prof. Dr.-Ing. R. Lauber

Vorwort

Eine anwendungsunabhängige und mathematisch exakte Theorie der Sicherheit ist die Grundvoraussetzung aller Sicherheitsuntersuchungen bei komplexen Automatisierungssystemen. Ziel dieser Arbeit, die von Herrn Professor Dr.-Ing. R. Lauber angeregt und wissenschaftlich geleitet wurde, ist es, einen Beitrag zu einer solchen Theorie der Sicherheit zu erbringen.

Zunächst wird der in den verschiedensten Zusammenhängen benutzte Begriff Sicherheit erläutert und definiert. Danach werden die Sicherheitsfunktion und die Sicherheitskennwerte mathematisch beschrieben (Kapitel 2).

In Kapitel 3 werden die prinzipiellen Möglichkeiten zur Erhöhung der Sicherheit dargelegt. Durch die Unterscheidung von vorbeugenden und operativen Sicherungsmethoden gelingt es, sämtliche bekannten Sicherungsmethoden einheitlich darzustellen.

Lösungswege zur Berechnung bzw. Abschätzung der Sicherheitsfunktion oder der Sicherheitskenngrößen finden sich in Kapitel 4. Ohne die Allgemeingültigkeit einzuschränken, werden diese Methoden am Beispiel einfacher digitaler Schaltungen erläutert.

Die Möglichkeit der Anwendung der vorgestellten Methoden auf Automatisierungssysteme wird zum Schluß in Kapitel 5 behandelt.

Die vorliegende Dissertation entstand während meiner Tätigkeit als wissenschaftlicher Mitarbeiter am Institut für Regelungstechnik und Prozeßautomatisierung der Universität Stuttgart. Die Dissertation wurde am 15.10.1976 bei der Universität Stuttgart eingereicht und am 16.5.1977 mit der mündlichen Prüfung abgeschlossen.

Dem Leiter des Instituts, Herrn Professor Dr.-Ing. R. Lauber, möchte ich hiermit für die vielen wertvollen Anregungen zu meiner Arbeit und für die großzügige Unterstützung bei deren Durchführung sehr herzlich danken.

Herrn Professor Dr.-Ing. E. Lüder möchte ich für die Übernahme des Mitberichts ebenfalls sehr herzlich danken.

Mein Dank gilt außerdem der Deutschen Forschungsgemeinschaft für die finanzielle Unterstützung.

Auch dem Verlag Friedrich Vieweg & Sohn möchte ich für die Möglichkeit der Veröffentlichung dieser Arbeit in Buchform meinen Dank aussprechen.

Stuttgart, im Juli 1977   Rudolf Konakovsky

Inhaltsverzeichnis

Bezeichnungen

<u>Allgemeine Zeichen und Symbole</u>

$(\underline{.})$	Vektoren
$(\hat{.})$	Fehlerhafte Werte
$(\tilde{.})$	Schätzwerte, Abschätzungen
$(\bar{.})$	Laplacetransformierte Variablen
$(.)_{max}$	Maximalwerte
$(\dot{.})$	Ableitung im Zeitbereich
$(.)'$	Unterscheidungen mit Strich
$(.)^E, (.)^A, (.)^{(I)},..$	Bezug auf die Untereinheiten E,A, der Nr.I...
$(.)^*$	Bezug auf die Gesamteinheit
$(.)_{GF}, (.)_{SI},...$	Bezug auf GF-, SI-,... Ausfallwirkungen
$(.)_{z_1}$ bzw. $(.)_{q_1}$	Bezug auf den ersten Einzelausfall z_1
$(.)_{z_1,z_2}$ bzw.$(.)_{q_2}$	Bezug auf den zweiten Einzelausfall z_2
$(.)_{z_1,...,z_N} = (.)_{q_N}$	Bezug auf den N-ten Einzelausfall z_N
$(.)_{(i)}$, i = 1,2,...	Index in Klammern, um von einfacher Indizierung unterscheiden zu können

<u>Lateinische Buchstaben</u>

a_j	Anzahl aller Ausfallarten des Bauelements Nr.j
b_i	Anzahl aller Einzelausfälle der Einheit Nr.i
c_i	Umrechnungszahl für die Einzelausfälle aus der Einheit Nr.i
d_i	Relais Nr.i
$d_{i,j}$	Relaiskontakt j des Relais i
D	Drucktaste
$\underline{e}$	Vektor der Ausgangs-Variablen der Erkennungseinheit
$f, f_i, f_{(i)}....$	Funktionen

X

g_s	Sicherheitsgewinn
$G(t)$	Gefahrenfunktion
i,j,k	Indizes
I	Indexmenge (auch Nr. einer Untereinheit)
J	Nr. des Bauelements in einer Untereinheit
K	Nr. der Ausfallart eines Bauelements
k_s	Sicherheitsfaktor
l_i, $i=1,2,\ldots$	Verbindungsleitungen
$m_u, m_y, \ldots$	Dimensionen der Vektoren $\underline{u}$, $\underline{y}$, $\ldots$
M	Maximalwert von Index N
N	Index für den N-fach Ausfall
p	Bedingte Wahrscheinlichkeit
$Q(t)$	Verteilungsfunktion
q	Störungsfall (z.B. Einzel- bzw. Mehrfachausfall)
q_N	N-fach Ausfall
q_O	Ausfallfreier Fall
r_i, $i=1,2,\ldots 10$	Ausfallraten von Ausfallarten der untersuchten Bauelemente
$R(t)$	Zuverlässigkeitsfunktion
s	Laplace-Variable
$S(t)$	Sicherheitsfunktion
t	Zeit
t_n	Zeitpunkte
T	Zeitabschnitt (Betriebszeit)
$u, \underline{u}$	Eingangsvariable (Vektor)
U	Versorgungsspannung
$v, \underline{v}$	Beeinflussungsvariable (Vektor)
W	Wahrscheinlichkeit
$w(t)$	Wahrscheinlichkeitsfunktion
$\underline{x}$	Vektor der Variablen zur Erkenung von Störungsfällen

$y, \underline{y}$	Ausgangsvariable (Vektor)
z	Nr. des Einzelausfalls
$z_1, z_2 \ldots$	Nr. des ersten, des zweiten, ... Einzelausfalls
$(z_1, z_2, \ldots z_N)$	N-fach-Ausfall
Z	Menge aller möglichen Einzelausfälle z (bzw. $z_1, z_2, \ldots$)
Z_i, $i=1,2,\ldots$	Teilmengen der Menge Z von Einzelausfällen z (bzw. $z_1, z_2, \ldots$), die eine Funktionsänderung zu f_i, $i = 1,2,\ldots$ bewirken
$Z_{GF}, Z_{SI}, \ldots$	Teilmengen der Menge Z von Einzelausfällen z (bzw. $z_1, z_2, \ldots$), die eine GF-, SI-, ... Ausfallwirkung verursachen)

Griechische Buchstaben

$\gamma_0, \gamma_{z_1}, \ldots$	Summe aller Ausfallraten $\lambda_{z_1}, \lambda_{z_1,z_2}, \ldots$ vom Zustand 0, $z_1, \ldots$ in einen Zustand mit GF-Ausfallwirkung
$\zeta_0, \zeta_{z_1}, \ldots$	Summe aller Ausfallraten $\lambda_{z_1}, \lambda_{z_1,z_2}, \ldots$ vom Zustand 0, $z_1, \ldots$ in einen Zustand mit SI-Ausfallwirkung
$\lambda_{z_1}, \lambda_{z_1,z_2}, \ldots$	Ausfallrate des ersten, des zweiten, ... Einzelausfalls
$\nu_0, \nu_{z_1}, \ldots$	Summe aller Übergangsraten vom Zustand 0, $z_1, \ldots$ in andere Zustände
$\xi_0, \xi_{z_1}, \ldots$	Summe aller Ausfallraten $\lambda_{z_1}, \lambda_{z_1,z_2}, \ldots$ vom Zustand 0, $z_1, \ldots$ in Zustände mit NT-Ausfallwirkung
τ	Verzögerungszeit bzw. Übergangszeit (allgemein)
$\tau_{z_1}, \tau_{z_1,z_2}, \ldots$	Mittlere Übergangszeit vom Zustand $z_1, (z_1,z_2), \ldots$ in den SI-Zustand durch Wirkung der Sicherungseinheit EAB
τ^c	Prüfzykluszeit
$\tau^s_{z_1}$	Mittlere Zeit, bis sich ein sicherer Prozeßzustand SP einstellt
$\tau^d_{z_1}, \tau^d_{z_1,z_2}, \ldots$	Mittlere Zeit vom Zustand $z_1, (z_1,z_2), \ldots$, gekennzeichnet durch GF-Ausfallwirkung, bis ein gefährliches Steuer- bzw. Ausgangssignal auftritt (Zustand GS)

$\sigma_{z_1}, \sigma_{z_1, z_2}, \dots$ — Summe aller Übergangsraten vom Zustand $z_1, (z_1, z_2)$, ... in Zustände mit SI-Ausfallwirkung

μ, μ_{z_1} — Reparaturrate

Abkürzungen

A, A' — <u>A</u>uswertungseinheiten

Ab — Relais <u>ab</u>gefallen

B, B' — <u>B</u>eeinflussungseinheiten

E, E' — <u>E</u>rkennungseinheiten

EAB — Sicherungseinheit bestehend aus <u>E</u>-, <u>A</u>- und <u>B</u>-Einheit

F, F_1, F_2, F^* — <u>F</u>unktionseinheiten

GF — Gefährliche Ausfallwirkung (<u>G</u>efährliche <u>F</u>unktionsänderung)

K_B — <u>K</u>urzschluß am <u>B</u>auelement

K_D — <u>K</u>ontakt einer <u>D</u>rucktaste

K_O — <u>K</u>urzschluß gegen Masse (Null)

K_1 — <u>K</u>urzschluß gegen die Versorgungsspannung

$K(1_i)$ — <u>K</u>urzschluß gegen die Verbindungs<u>l</u>eitung Nr.i

MTBF — <u>M</u>ean <u>T</u>ime <u>B</u>etween <u>F</u>ailures

MTBS — <u>M</u>ean <u>T</u>ime of <u>B</u>eing in a <u>S</u>tate

MTDF — <u>M</u>ean <u>T</u>ime to <u>D</u>angerous <u>F</u>unction

MTFE — <u>M</u>ean <u>T</u>ime to <u>F</u>ailure <u>E</u>ffect

MTDS — <u>M</u>ean <u>T</u>ime to <u>D</u>angerous <u>S</u>ignal

MTTU — <u>M</u>ean <u>T</u>ime <u>t</u>o <u>U</u>ndesired Event

NB — <u>N</u>icht <u>b</u>emerkbare Ausfallwirkung

NT — <u>N</u>B- oder <u>ST</u>-Ausfallwirkung

SB — Zur <u>s</u>icheren Seite <u>b</u>emerkbare Ausfallwirkung

SI — <u>SI</u>chere Ausfallwirkung (ohne Zeitverzögerung)

ST — <u>S</u>ichere Ausfallwirkung (zeitverzögert)

VF   von GF unterschiedliche Ausfallwirkung (Verschieden von der gefährlichen Funktionsänderung)

Sonderzeichen

$\emptyset$ Leere Menge

O,L   Logische Werte

I,II   Römische Zahlen zur Bezeichnung der zusammengefaßten Zustände mit GF- bzw. SI-Ausfallwirkungen

(i), i=1,2,..7   Ereignisarten nach Bild 1

$\doteq$ Näherungszeichen

1. Einleitung

In technischen Systemen können Störungen oder Ausfälle nicht
ausgeschlossen werden (Definition der Störung, des Ausfalls
usw. siehe [1]). Ebenfalls läßt sich menschliches Versagen
in Systemen, die den menschlichen Eingriff stets erfordern,
nie völlig ausschließen.

Um eine Gefahr für Menschen bei einer Störung oder einem Ausfall weitgehend auszuschließen, muß in solchen Systemen neben
die Forderung nach Zuverlässigkeit die Forderung nach Sicherheit treten.

Beispiele für solche Systeme sind:

- Massenverkehrssysteme
- chemische Reaktoren
- Kernreaktoren.

Ein System, das die Forderung nach Sicherheit erfüllt, ist
demnach ein System, in dem Störungen, Ausfälle oder auch
menschliches Versagen auftreten dürfen, wobei es naturgemäß
zu Betriebshemmnissen kommen kann, es kann aber zu kei-
nem Zeitpunkt in einen Gefahrenzustand übergehen. Wird das
System, an das Sicherheitsforderungen gestellt sind, automa-
tisiert, d.h. werden die Regelungs-, Steuerungs- und Überwa-
chungsaufgaben mit Hilfe technischer Einrichtungen (z.B. Prozeßrechner) durchgeführt und wird dadurch der unmittelbare
menschliche Eingriff weitgehend ausgeschlossen, so muß auch
die Verantwortung für die Sicherheit diesen Einrichtungen
übertragen werden. Dies hat zur Folge, daß es nachweisbar
sein muß, ob und wie gut eine technische Einrichtung die Si-
cherheitsverantwortung übernehmen kann, und zwar auch dann,
wenn die Einrichtung selbst Störungen oder Ausfälle aufweist.

Der einfachste und zugleich auch aufwendigste Weg ist der,
die Auswirkung jeder Störung und jeden Ausfalls auf die Erfüllung der Sicherheitsforderungen hin zu untersuchen. Diese
Methode eignet sich jedoch nur für einfache, überschaubare
Steuereinrichtungen; bei komplexen Systemen, die z.B. mittels Prozeßrechnern realisiert werden, versagt dieses Verfahren.

Daher müssen Methoden entwickelt werden, die es gestatten,
auch bei komplexen Systemen die Erfüllung der Sicherheitsforderungen nachzuweisen. Eine quantitative Bewertung, ähnlich
wie sie bei Zuverlässigkeitsuntersuchungen durchgeführt wird,
ist hierfür erforderlich.

Auf dem Gebiet der Sicherheit gibt es zwar einige Aufsätze,
die z.T. theoretische Untersuchungen enthalten [8,9,21],
leider existiert aber noch keine mathematische Theorie der
Sicherheit. Man muß daher auf die Ergebnisse der Zuverlässigkeitstheorie und der Wahrscheinlichkeitstheorie zurückgreifen
[3,4,6,10,24,25,28,29]. Verschiedene in letzter Zeit veröffent-
lichte Arbeiten lassen erkennen, daß die Wahrscheinlichkeitstheorie auch in dem Bereich der Sicherheit, wie bisher in der
Zuverlässigkeit, eine Anwendung findet [5,11,15,18,26,27].

Bezüglich der sog. fail-safe Systeme gibt es sowohl theoretische Arbeiten [20,30] als auch verwirklichte Schaltkreissyste-
me [12,15,16,17,22,23,31].

2. Die Sicherheit von Automatisierungssystemen

2.1 Definition der Sicherheit (qualitativ)

Der Begriff Sicherheit wird in verschiedensten Zusammenhängen
täglich gebraucht, z.B.: Verkehrssicherheit, Sicherheitsgurt,
Sicherheitsventil usw. Auch im Bereich der Automatisierung
wird dieser Begriff häufig benutzt, z.B. Betriebs-, Stör-,
Ausfallsicherheit. In der Literatur wird der Begriff Sicherheit oft mit Zuverlässigkeit verwechselt. Der Grund hierfür
liegt im wesentlichen darin, daß sich in der Praxis noch keine
Definition des Begriffs "Sicherheit" durchgesetzt hat. Um eine
geeignete Definition der Sicherheit geben zu können, werden
zunächst Ereignisse beschrieben, die im Automatisierungssystem
auftreten können.

Ereignisfolge zur Sicherheitsdefinition

Bild 1 zeigt eine Folge von Ereignissen, die in einem Steuerungssystem auftreten und zu einem Unfall führen können (Ereignisse ① bis ④). Weiter ist eine Folge von Prozeßereig-
nissen dargestellt (⑤ bis ⑦), die beim Auftreten eines
Unfalls beobachtet werden können.

⓪ Fehlerfreie Funktion des Steuerungssystems

① Auftreten von Störungen oder Bauelementausfällen

② Die Funktion des Steuerungssystems wird durch
die Ereignisse ① verändert.

③ Eine unzulässige Veränderung der Funktion
des Steuerungssystems ist eingetreten.

④ Unzulässige Werte der Steuersignale werden ausgegeben.

⑤ Unzulässige Zustände oder Vorgänge treten im Prozeß
auf (Unfallgefahr).

⑥ Ein unzulässiges Prozeßgeschehnis (Unfall) ist
aufgetreten.

⑦ Unzulässige Geschehnisfolgen (Unfallschaden)
sind aufgetreten.

Bild 1. Folge von Ereignissen

Zur Illustration dieser Ereignisfolge diene ein einfaches
Beispiel:

Beispiel

Das Steuerungssystem enthält eine Einheit, die eine bestimmte
logische Funktion realisiert, z.B. die UND-Funktion (Tab. 1).

u_1	u_2	y	$\hat{y}$
O	O	O	O
O	L	O	L
L	O	O	O
L	L	L	L

u_1, u_2 Eingangsgrößen

y Ausgangsgröße

$\hat{y}$ Ausgangsgröße der veränderten Funktion infolge
eines Bauelementausfalls

Tab. 1. Beispiel einer logischen Funktion und ihrer Veränderung durch Bauelementausfall

Ist ein Bauelement ausgefallen (Ereignis (1)), so kann sich
die Funktion der Einheit verändern (Ereignis (2)). Eine mögliche Veränderung der Funktion ist z.B. $\hat{y}$.

Es hängt jedoch immer vom Anwendungsfall ab, ob diese logische
Funktionsänderung als unzulässig zu werten ist (Ereignis (3)).
Um unzulässige Funktionsänderungen feststellen zu können, ist
ein Kriterium erforderlich. Im obigen Beispiel sei angenommen,
daß die Funktion dann unzulässig verändert ist, wenn für mindestens eine Kombination der Eingangsgrößen die Ausgangsgröße
einen fehlerhaften L-Wert annimmt. Demnach ist die in der
Tab. 1 gebrachte Veränderung der logischen Funktion unzulässig (Ereignis (3)).

In gleicher Weise sei angenommen, daß das Steuersignal für
einen fehlerhaften L-Wert einen unzulässigen Wert annimmt.
Falls y ein Steuersignal darstellt, wird für die Eingangsgrößen

$$u_1 = O$$
$$u_2 = L$$

ein unzulässiger Wert $\hat{y} = L$ ausgegeben (Ereignis (4)). Es
handelt sich hierbei um ein datenflußabhängiges Ereignis.

Bei einer Bahnübergangssicherungsanlage kann ein solches Steuersignal beispielsweise dem Lokführer fälschlicherweise "Freie Fahrt" ($\hat{y}$ = L) anstelle von "Halt" (y = O) signalisieren.

Passiert nun, um beim obigen Beispiel zu bleiben, ein Zug mit uneingeschränkter Geschwindigkeit dieses fälschlicherweise auf "Freie Fahrt" gestellte Signal, so ist die Gefahr eines Unfalls sehr groß. <u>Der Prozeß befindet sich in einem sog. unzulässigen Zustand</u> (Ereignis (5)). Kommt es tatsächlich zum <u>Unfall</u> (Ereignis (6)), so kann der <u>Unfallschaden</u> (Ereignis (7)) sehr unterschielich sein: von kleinem Sachschaden bis zu hohen Personen-, Sach- und Umweltschäden.

Auch bei fehlerfreier Funktion der Bahnübergangssicherungsanlage kann eine unzulässige Ereignisfolge auftreten, wenn entweder der Lokführer das Haltesignal oder ein Straßenverkehrsteilnehmer das Warnlicht nicht beachtet. Das bewußte oder unbewußte Nichtbeachten von Signalen wird oft auch als <u>menschliches Versagen</u> bezeichnet. Diese und andere Faktoren, die außerhalb des Steuerungssystems wirken, wurden in Bild 1 nicht aufgeführt und sollen in dieser Arbeit nicht näher untersucht werden.

<u>Definition der Sicherheit (qualitativ)</u>

Die Sicherheit ist die Eigenschaft eines Systems (einer Betrachtungseinheit), durch die unter vorgegebenen Bedingungen in einem vorgegebenen Zeitraum <u>unzulässige Ereignisse</u> nicht möglich sind.

<u>Sicherheitsarten</u>

Im Bild 1 wurden fünf Arten von unzulässigen Ereignissen ((3) bis (7)) unterschieden.
Die Anwendung der Sicherheitsdefinition auf jedes dieser unzulässigen Ereignisse führt demzufolge auf 5 verschiedene Sicherheitsarten:

1) Die Sicherheit bezüglich des Nichtauftretens einer unzulässigen Veränderung der Funktion des Steuerungssystems (Ereignis (3)).

2) Die Sicherheit bezüglich des Nichtauftretens unzulässig-
   ger Ausgangs- bzw. Steuersignale (Ereignis ④)), z.B.
   die signaltechnische Sicherheit [2].
3) Die Sicherheit bezüglich des Nichtauftretens unzulässiger Prozeßzustände bzw. -vorgänge (Ereignis ⑤).
4) Die Sicherheit bezüglich des Nichtauftretens von Unfäl-
   len (Ereignis ⑥).
5) Die Sicherheit bezüglich des Nichtauftretens von bestimmten Schadensarten (Ereignis ⑦).

2.2 Definition der Sicherheit (quantitativ)

Für die Bearbeitung des gestellten Themas ist nicht nur die
qualitative, sondern auch eine quantitative Definition der
Sicherheit erforderlich. Hierzu wird die Zeit, die vergeht,
bis das betrachtete unzulässige Ereignis auftritt, als Zufallsgröße aufgefaßt. Um mit Zufallsgrößen arbeiten zu können, werden Verteilungsfunktionen angegeben (auch kurz als
Verteilung bezeichnet).

Verteilungsfunktion Q(t)

Ist T eine (eindimensionale) Zufallsgröße, dann gibt die Verteilungsfunktion $Q(t)$ die Wahrscheinlichkeit dafür an, daß
die Zufallsgröße T Werte annimmt, die nicht größer als ein
vorgegebener Wert t sind:

$$Q(t) = W(T \leq t) \quad . \tag{1}$$

Die so definierte Verteilungsfunktion läßt sich leicht für
die Beschreibung der Ereignisse ① bis ⑦ von Bild 1 verwenden.

Ereignis ①: Bauelementausfall

Ist T_1 die Betriebszeit eines Bauelements von Beanspruchungsbeginn bis zu seinem Ausfall, dann stellt

$$Q_1(t) = W(T_1 \leq t) \quad , \qquad t - \text{Zeit}$$

die wohlbekannte Ausfallverteilungsfunktion (Ausfallwahr-
scheinlichkeit) des Bauelements dar. Die Zuverlässigkeits-

funktion (kurz: Zuverlässigkeit) ergibt sich durch Komplementbildung:

$$R_1(t) = 1 - Q_1(t) = W(T_1 > t)$$

Ereignis ②: Veränderung der Funktion des Steuerungssystems

Ist T_2 die Betriebszeit eines Steuerungssystems von Beginn
der Beanspruchung bis zum Eintritt eines Ereignisses ①, das
eine Veränderung der fehlerfreien Funktion des Steuerungssystems verursacht, dann stellt

$$R_2(t) = W(T_2 > t)$$

die Zuverlässigkeitsfunktion des Steuerungssystems dar.

Ereignisse ③ bis ⑦

Die Verteilungsfunktionen für die Beschreibung der unzulässigen Ereignisse ③ bis ⑦ werden hier als Gefahrenfunktionen
und die Komplemente als Sicherheitsfunktionen wie folgt definiert:

Definition der Gefahrenfunktion

Ist T_i die Betriebszeit eines Systems (Steuerungssystem, Prozeß) von Beginn der Beanspruchung bis zum ersten Eintritt eines der unzulässigen Ereignisse ⓘ, $i = 3,\ldots 7$, dann gibt
die Funktion $G_i(t)$:

$$G_i(t) = W(T_i \leq t) \quad , \qquad i = 3,\ldots.7$$

die Wahrscheinlichkeit an, daß T_i Werte annimmt, die nicht
größer als ein vorgegebener Zeitraum t sind. Die Funktion
$G_i(t)$ wird als Gefahrenfunktion bezeichnet

Definition der Sicherheitsfunktion

Die Sicherheitsfunktion $S_i(t)$ wird als Komplement von $G_i(t)$
definiert:

$$S_i(t) = 1 - G_i(t) = W(T_i > t) \quad , \quad i = 3,\ldots7 \qquad (2)$$

Für jede Sicherheitsart läßt sich also eine Sicherheitsfunktion angeben (i = 3,4,...7).

2.3 Sicherheitskenngrößen

Aus der oben definierten Sicherheitsfunktion lassen sich verschiedene Kenngrößen herleiten.

MTTU (Mean Time To Undesired Event)

ist die mittlere Zeit vom Beanspruchungsbeginn bis zum erstmaligen Auftreten des unzulässigen Ereignisses. Man kann hier ebenfalls, je nach Art des betrachteten unzulässigen Ereignisses (i), fünf Zeiten $MTTU_i$, i = 3,...7 unterscheiden. Sie entsprechen dem Erwartungswert der Zufallsgröße T_i (Betriebszeit), die durch die Sicherheitsfunktion $S_i(t)$ bzw. Gefahrenfunktion $G_i(t)$ beschrieben ist. Aus der Gefahrenfunktion $G_i(t)$ ergibt sich der Erwartungswert als ein Flächeninhalt [19, S.156] zu:

$$MTTU_i = \int_0^\infty [1 - G_i(t)]dt = \int_0^\infty S_i(t)dt \ . \qquad (3)$$

Da die unzulässigen Ereignisse (3) bis (5), wie in Abschnitt 2.1 erwähnt, zu einem Unfall führen können, d.h. eine akute Gefahr eines Unfalls darstellen, kann bei diesen Ereignissen an Stelle des allgemeinen Begriffs "unzulässig" der Begriff "gefährlich" verwendet werden. Diese Ereignisse können also folgenderweise definiert werden (vgl. Bild 1):

Ereignis (3): Eine gefährliche Veränderung der Funktion (bzw. eine gefährliche Funktion) des Steuerungssystems ist eingetreten.

Ereignis (4): Gefährliche Werte der Steuersignale (gefährliche Steuersignale) werden ausgegeben.

Ereignis (5): Gefährliche Zustände oder Vorgänge treten im Prozeß auf.

Da die Funktion des Steuerungssystems wiederum durch Ereignisse ① verändert wird, werden alle die Störungsfälle, die eine gefährliche Veränderung dieser Funktion zur Folge haben, als gefährliche Störungsfälle bezeichnet, z.B. <u>gefährlicher Ausfall eines oder mehrerer Bauelemente</u> (gefährlicher Einzel- bzw. Mehrfachausfall).

In den folgenden Abschnitten werden statt $MTTU_3$ und $MTTU_4$ die Bezeichnungen MTDF bzw. MTDS verwendet.

<u>MTDF (<u>M</u>ean <u>T</u>ime to <u>D</u>angerous <u>F</u>unction)</u>

ist die mittlere Zeit vom Beanspruchungsbeginn bis zur gefähr- lichen Veränderung der Funktion des Steuerungssystems (Ereig- nis ③):

$$MTDF = MTTU_3 \quad . \tag{4}$$

<u>MTDS (<u>M</u>ean <u>T</u>ime to <u>D</u>angerous <u>S</u>ignal)</u>

ist die mittlere Zeit vom Beanspruchungsbeginn bis zur Ausga- be eines gefährlichen Steuersignals vom Steuerungssystem (Er- eignis ④):

$$MTDS = MTTU_4 \quad . \tag{5}$$

Diese Zeit wird in [11] mit MTTD (Mean Time To Danger) be- zeichnet.

<u>Der Sicherheitsfaktor k_s</u>

wird als Verhältnis zwischen der mittleren Zeit bis zur Aus- gabe eines gefährlichen Steuersignals MTDS und der mittleren ausfallfreien Zeit MTBF (<u>M</u>ean <u>T</u>ime <u>B</u>etween <u>F</u>ailures) defi- niert:

$$k_s = \frac{MTDS}{MTBF} \quad . \tag{6}$$

<u>Der Sicherheitsgewinn g_s</u>

für ein Steuerungssystem wird definiert als

$$g_s = \frac{MTDS}{MTDS_o} \quad , \tag{7}$$

wobei entspricht

MTDS   der mittleren Zeit bis zur Ausgabe eines gefährlichen
Steuersignals bei Anwendung einer bestimmten Sicherheitsmaßnahme,

$MTDS_o$ der mittleren Zeit bis zur Ausgabe eines gefährlichen
Steuersignals, falls diese Sicherheitsmaßnahme nicht
angewandt wird.

Sicherheitsfaktor und -gewinn geben Auskunft über die Wirksamkeit der verwendeten Sicherheitsmaßnahmen.

2.4 Die Verwendung der quantitativen Sicherheitsdefinitionen

Die oben definierten Sicherheitsfunktionen $S_i(t)$ und die daraus abgeleiteten Kenngrößen $MTTU_i$ unterscheiden sich bezüglich des betrachteten unzulässigen Ereignisses (i), i = 3,..
..7. Sie beschreiben quantitativ jeweils eine bestimmte Sicherheitsart. Eine solche Funktion oder ein solcher Kennwert
kann also dann verwendet werden, wenn verschiedene Systeme
bezüglich einer bestimmten Sicherheitsart verglichen werden
sollen.

Die allgemeinste Form der Sicherheitsfunktion stellt die Funktion $S_7(t)$ dar, in der alle Faktoren zu berücksichtigen sind.
Sie zu berechnen, ist für ein Automatisierungssystem, das
noch nicht in Betrieb genommen wurde, äußerst schwierig, wenn
nicht unmöglich. Dasselbe gilt auch für die Kenngröße $MTTU_7$.
Dagegen kann man für ein im Betrieb befindliches System diese
Sicherheitskenngröße (z.B. die mittlere Zeit, bis ein Mensch
durch Unfall verunglückt) anhand von statistischen Daten ermitteln. Solche Werte werden dann gebraucht, wenn die Sicherheit völlig unterschiedlicher Systeme verglichen werden soll
(z.B. Straßen-, Zug- und Flugverkehrssystem).
Sollen dagegen nur Steuerungssysteme bezüglich der Erfüllung
von Sicherheitsforderungen gegenübergestellt und verglichen
werden, kann die Funktion $S_3(t)$ oder $S_4(t)$ bzw. die Kenngröße
MTDF oder MTDS ($MTTU_3$, $MTTU_4$) verwendet werden. Diese Werte
können auch dann berechnet oder geschätzt werden, wenn sich
die Steuerungssysteme erst in der Entwurfsphase befinden.

3. Methoden zur Erhöhung der Sicherheit

<u>3.1 Unterschied zwischen Zuverlässigkeits- und Sicherheits-
     maßnahmen</u>

In diesem Abschnitt wird der Unterschied zwischen Maßnahmen
zur Zuverlässigkeits- und Sicherheitserhöhung kurz erläutert.

<u>Zuverlässigkeitsmaßnahmen</u>

Alle Maßnahmen, die eine Verringerung der Wahrscheinlichkeit
des Auftretens von Ereignissen der Art ① oder ② (z.B.
Bauelementausfall, Verfälschung der Funktion des Steuerungssystems) bewirken, zählen zu den Zuverlässigkeitsmaßnahmen.

<u>Sicherheitsmaßnahmen</u>

Alle Maßnahmen, die die Wahrscheinlichkeit des Auftretens
von unzulässigen Ereignissen (③ bis ⑦) verringern, werden hier als Sicherheitsmaßnahmen bezeichnet.

Abhängig von der Art des unzulässigen Ereignisses ③ bis ⑦,
der die Sicherheitsmaßnahme entgegenwirkt, lassen sich auch
hier verschiedene Sicherungsarten und -methoden unterscheiden.
Aus obiger Darstellung und aus der in Bild 1 gezeigten Ereignisfolge ergibt sich, daß jede Zuverlässigkeitsmaßnahme gleichzeitig auch eine Erhöhung der Sicherheit zur Folge hat. Im Gegensatz hierzu können sich jedoch Sicherheitsmaßnahmen durch-
aus zuverlässigkeitsmindernd auswirken, z.B. wenn Redundanzen
eingesetzt werden, die zwar die Wahrscheinlichkeit einer unzulässigen (gefährlichen) Veränderung der Funktion des Steuerungssystems erheblich verringern (Ereignis ③), die leider
aber dazu beitragen, daß sich die Wahrscheinlichkeit des Ausfalls erhöht (Ereignis ① bzw. ②).

<u>3.2 Anwendbarkeit von Sicherungsmethoden</u>

Die Anwendung von Sicherungsmethoden setzt die Existenz eines
sog. sicheren Prozeßzustandes voraus. Unter einem <u>sicheren
Prozeßzustand</u> wird ein stabiler Zustand des Prozesses verstan-
den, der keine Steuereingriffe benötigt und in dem unzulässige Ereignisse der Art ⑤ bis ⑦ nicht auftreten können. Ist

der Prozeß in den sicheren Zustand übergegangen, dann ist
auch ein Totalausfall des Steuerungssystems zugelassen, ohne
daß dadurch die Sicherheit beeinträchtigt wird.

In den meisten Fällen entspricht der sichere Zustand des Prozesses dem energiearmen bzw. abgeschalteten Betriebszustand.
Der Übergang von einem normalen in den sicheren Prozeßzustand
kann sehr unterschiedliche Anforderungen an das Steuerungssystem stellen.

Es gibt Prozesse, an die man zu einem beliebigen Zeitpunkt
Steuersignale ausgeben kann, die den Prozeß in den sicheren
Betriebszustand überführen.
Schalten z.B. bei der Eisenbahnsignalsteuerung alle Signale
eines Bereichs auf "Halt" (Rot), dann gehen alle Züge in diesem Bereich in den Haltezustand über, der hier als ein sicherer Betriebszustand angenommen wird.

Für Prozesse dieser Art kann das Steuerungssystem so entwor-
fen werden, daß der Prozeß in den sicheren Zustand überführt
wird, falls durch Ereignisse ① die Funktion des Steuerungssystems so stark verändert wird, daß keine richtigen Steuersignale mehr ausgegeben werden können.

Systeme mit diesem Verhalten werden auch als <u>fail-safe-Systeme</u>
bezeichnet. Man sagt auch, daß sich in einem solchen System
die Ereignisse ① <u>zur sicheren Seite</u> hin auswirken.

3.3 Klassifizierung der Sicherungsmethoden

In der Praxis wird eine Vielzahl von Maßnahmen zur Sicherung
von Systemen angewandt. Diese Maßnahmen können zwar sehr unterschiedlich sein, grundsätzlich gibt es aber nur zwei Methoden, um die Wahrscheinlichkeit des Auftretens von unzulässigen Ereignissen (③ bis ⑦) zu verringern. Es wird
hier zwischen zwei Klassen von Sicherungsmethoden unterschieden:

    1) Vorbeugende Sicherungsmethoden
    2) Operative Sicherungsmethoden.

3.3.1 Vorbeugende Sicherungsmethoden

Die vorbeugenden Sicherungsmethoden sind dadurch gekennzeichnet, daß sie eine Verringerung der Wahrscheinlichkeit des
Auftretens von unzulässigen Ereignissen bewirken, ohne dabei
eine Erkennung der Ereignisse zu benötigen, die das Auftreten
der unzulässigen Ereignisse verursachen oder ermöglichen.

Beispiele

Flankenschutz bei Zugverkehrssystem

Ohne den unzulässigen (gefährlichen) Prozeßvorgang "falsch
fahrender Zug" erkennen zu müssen (Ereignis (5)), kann man
die Wahrscheinlichkeit des unzulässigen Prozeßgeschehnisses
"Kollision mit dem richtig fahrenden Zug" (Ereignis (6)) dadurch erheblich verringern, daß alle Weichen vorbeugend so
gestellt werden, daß es unmöglich gemacht wird, in die Fahr-
straße des richtig fahrenden Zuges hineinzufahren oder sie
zu kreuzen.

LOGISAFE-Moduln

Zur Realisierung von logischen Funktionen wurden in [17] und
[23] Moduln entwickelt, die die Eigenschaft besitzen, daß eine Ausgabe des unzulässigen (gefährlichen) Werts "falscher
L-Wert" (Ereignis (4)) durch Bauelementausfall nicht möglich ist. Eine Erkennung des Bauelementausfalls (Ereignis (1))
wird dabei nicht benötigt. Diese Eigenschaft wird durch die
Verwendung dynamischer Signaldarstellung und die Wahl geeigne-
ter Bauelemente (vorbeugende Maßnahmen) erreicht.

3.3.2 Operative Sicherungsmethoden

Die operativen Sicherungsmethoden sind dadurch gekennzeichnet, daß sie zur Verringerung der Wahrscheinlichkeit des Auftretens von unzulässigen Ereignissen eine Erkennung der Ereignisse benötigen, die das Auftreten der unzulässigen Ereignisse verursachen oder ermöglichen.

<u>Beispiele</u>

<u>Grenzwertkontrolle</u>

Die Grenzwertkontrolle selbst dient nur zur Erkennung eines
unzulässigen Prozeßzustandes (z.B. Überschreitung der maxi-
mal zulässigen Temperatur). Sie kann ein Bestandteil einer
operativen Sicherungsmethode sein, wenn aufgrund der Grenz-
wertüber- oder unterschreitung Maßnahmen ergriffen werden,
die das Auftreten des unzulässigen Prozeßgeschehnisses (z.B.
Explosion) verhindern.

<u>URTL-Schaltkreissystem</u>

Mit Hilfe zweikanaliger Signalverarbeitung, bei der jedes
Bauelement doppelt vorhanden ist, können durch Vergleich der
Signale Bauelementausfälle erkannt werden. Nach diesem Prinzip arbeitet das URTL-Schaltkreissystem [12,15,16,22,31].
Ist ein Bauelementausfall erkannt worden, so wird durch Unterbrechung des Taktgebers die Ausgabe des unzulässigen
(gefährlichen) Werts "falscher L-Wert" verhindert.

3.4 Einheitliche Darstellung der Sicherungsmethoden

3.4.1 Vorbeugende Sicherungsmethoden

Bei den vorbeugenden Sicherungsmethoden wird, wie oben erwähnt, eine Erkennung derjenigen Ereignisse, die ein unzulässiges Ereignis hervorrufen können, nicht verwendet. Die
Sicherung wird auf Grund einer besonderen Art des Aufbaus
des Systems erreicht (besondere Technologie, Signaldarstellung, Struktur usw.). Dies kann mit dem Beispiel von Abschnitt 2.1 verdeutlicht werden.
Eine Einheit, die die in Tab.1 dargestellte logische Funktion

$$y = f(u_1, u_2) = u_1 \wedge u_2 \qquad (8)$$

realisiert, kann aus verschiedenen Bauelementen aufgebaut
werden (z.B. Relais, Transistoren usw.). Durch einen Bauelementausfall kann sich diese Funktion verändern. Die Verän-

derung der Funktion hängt natürlich davon ab, welches Bauelement ausfällt, welche Ausfallart dabei eintritt und wie die
Bauelemente zusammengeschaltet sind. Durch die Art der Realisierung der Einheit ergeben sich also die möglichen Veränderungen ihrer Funktion im Falle einer Störung.

Werden nun mit q alle möglichen Störungsfälle eindeutig bezeichnet, so kann die Beschreibung der Funktion (8) dieser
Einheit auch auf die Störungsfälle erweitert werden:

$$
y = f(u_1,u_2,q) = \begin{cases}
f_{(0)}(u_1,u_2) = u_1 \wedge u_2, & \text{für den störungsfrei-en Fall } q = q_{(0)} \\
f_{(1)}(u_1,u_2), & \text{für den Störungsfall } q = q_{(1)} \\
f_{(2)}(u_1,u_2), & \text{für den Störungsfall } q = q_{(2)} \\
\vdots & \vdots
\end{cases} \tag{9}
$$

Entsprechen bei einem bestimmten Störungsfall q die Werte y
in (9) den Werten $\hat{y}$ in Tab.1, so kann sich die Funktion dieser Einheit unzulässig (gefährlich) verändern (s. Beispiel
in Abschnitt 2.1). Bei einer besonderen Art der Realisierung
dieser Einheit kann es gelingen, daß die Funktion (9) für
keinen Störungsfall q eine gefährliche Funktion darstellt.

Eine Methode, mit der man bestimmen könnte, welche besonderen Maßnahmen bei der Realisierung anzuwenden sind, damit die
Funktion (9) für alle möglichen Störungsfälle der gefährlichen Funktion nicht entsprechen kann, gibt es leider nicht.
Man kann lediglich die Auswirkungen von Störungsfällen q
einer schon realisierten Einheit feststellen. Daher muß man
bei der Anwendung von vorbeugenden Sicherungsmaßnahmen auf
die Erfahrungen aus der Praxis zurückgreifen.

Bezeichnet man mit F die Realisierung der oben betrachteten
Einheit, so kann man (9) in Form eines Blockbilds darstellen
(Bild 2).

Die Darstellungen in (9) und in Bild 2 lassen sich leicht
verallgemeinern.

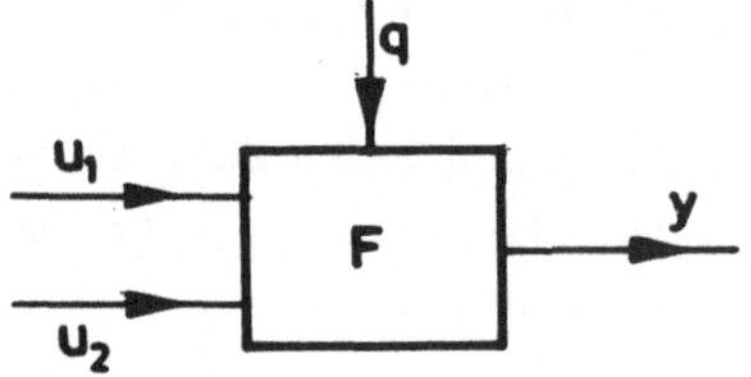

Bild 2. Blockbild einer Funktionseinheit F unter Berücksichtigung von Störungsfällen q

3.4.2 Operative Sicherungsmethoden

Bei den operativen Sicherungsmethoden kann man drei verschiedene Funktionen unterscheiden:

        1) Erkennung

        2) Auswertung

        3) Beeinflussung.

Ein Ereignis, das das Auftreten eines der unzulässigen Ereignisse ③ bis ⑦ verursacht oder ermöglicht, muß zunächst erkannt werden (Erkennung). Um das unzulässige Ereignis zu verhindern, müssen geeignete Gegenmaßnahmen ausgewählt (Auswertung) und ausgeführt werden (Beeinflussung).
Grundsätzlich gibt es zwei Möglichkeiten, operative Sicherungsmethoden anzuwenden, je nachdem ob das zu erkennende Ereignis im Steuerungssystem oder im Prozeß auftritt (Bild 3).

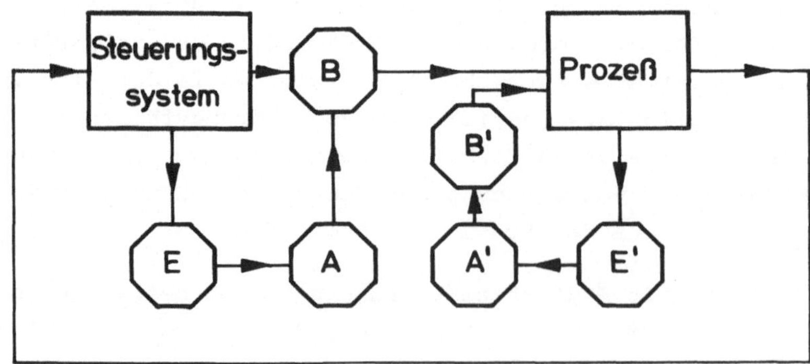

Bild 3. Möglichkeiten der Anwendung von operativen Sicherungsmethoden

In Bild 3 sind die drei Funktionen der operativen Sicherung
durch drei Funktionseinheiten für die beiden Anwendungsfälle
dargestellt. Hier bedeuten

        E bzw. E' die Erkennungseinheiten
        A bzw. A' die Auswertungseinheiten und
        B bzw. B' die Beeinflussungseinheiten.

Um diese Einheiten, die zur Sicherung eingesetzt werden, von
anderen leicht unterscheiden zu können, wird ein spezielles
Blockzeichen (ein Achteck) verwendet.
Da die Einheiten E, A und B bzw. E', A' und B' die Form eines Kreises bilden, wird in dieser Arbeit auch der Begriff
<u>Sicherungskreis</u> verwendet.

Wie schon erwähnt, sollen nur die Möglichkeiten der Anwendung von Sicherungsmethoden auf Steuerungssysteme bzw. auf
deren Funktionseinheiten untersucht werden. Eine einheitliche Darstellung dafür zeigt Bild 4.

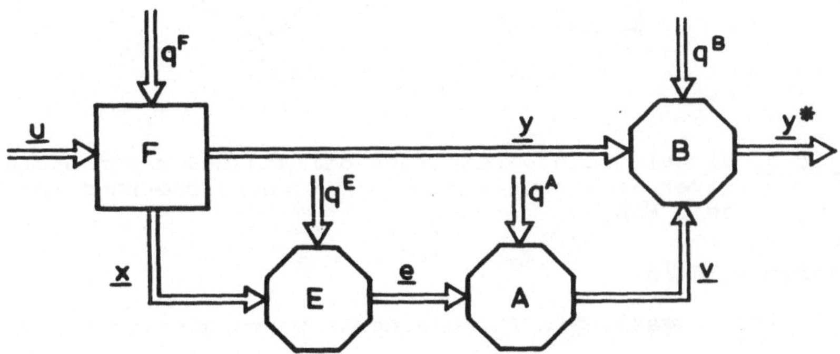

<u>Bild 4.</u> Einheitliche Darstellung der Anwendung von opera-
tiven Sicherungsmethoden in Steuerungssystemen

In diesem Bild bedeuten

F   Funktionseinheit, die operativ gesichert werden soll
u   Vektor der Eingangsvariablen
y   Vektor der Ausgangsvariablen der F-Einheit
y^* Vektor der Ausgangsvariablen der Gesamteinheit

- 18 -

$\underline{x}$ Vektor der Variablen zur Erkennung von Störungsfällen

$\underline{e}$ Vektor der Ausgangsvariablen der Erkennungseinheit

$\underline{v}$ Vektor der Variablen zur Beeinflussung der Auswirkungen

Mit $m_u, m_y, m_{y*}, m_x, m_e, m_v$ seien die Dimensionen der entsprechenden Vektoren bezeichnet

Mit q^F, q^E, q^A, q^B seien alle Störungsfälle eindeutig bezeichnet, die in den entsprechenden Einheiten auftreten können.

In bestimmten Fällen ist es nur schwer möglich, die drei Funktionen der operativen Sicherung durch drei getrennte Funktionseinheiten darzustellen. Eine einheitliche Darstellung für diese Fälle zeigt Bild 5.

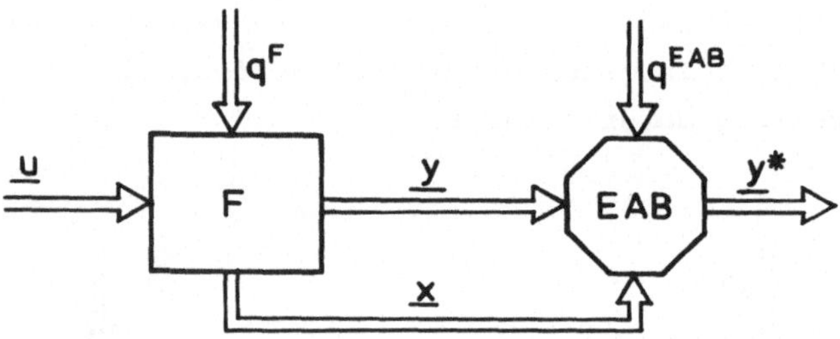

<u>Bild 5.</u> Einheitliche Darstellung der Anwendung von operativen Sicherungsmethoden mit der Sicherungseinheit EAB

In diesem Bild ist

EAB   Sicherungseinheit (<u>E</u>rkennung+<u>A</u>uswertung+<u>B</u>eeinflussung)

q^{EAB} die Bezeichnung der Störungsfälle in der EAB-Einheit. Sie ergibt sich aus den Störungsfällen bei den Einheiten E, A und B.

Eine weitere Vereinfachung dieser allgemeinen Darstellung ergibt sich dann, wenn für die operative Sicherung nur die Ausgangsvariablen der Funktionseinheit F benötigt werden (Bild 6).

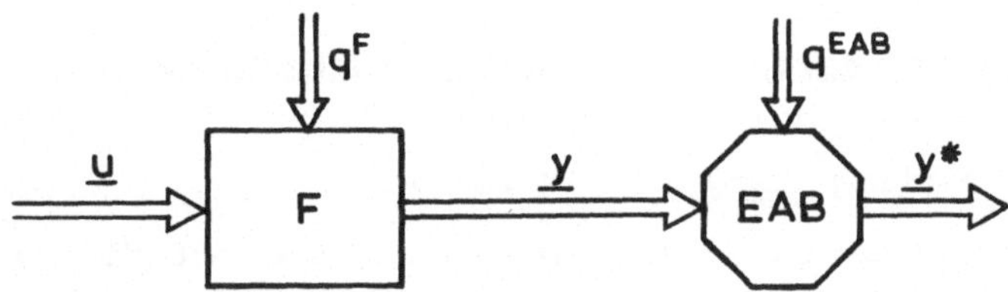

Bild 6. Vereinfachte Darstellung der Anwendung
von operativen Sicherungsmethoden

Wird die Funktionseinheit F mit der Sicherungseinheit EAB
zu einer Gesamteinheit F^* zusammengefaßt, so kann ihre Funktion wie folgt dargestellt werden:

$$\underline{y}^* = \underline{f}^*(\underline{u},q^*) \quad , \tag{10}$$

wobei

q^* Störungsfälle in der Gesamteinheit F^* eindeutig bezeichnet.

Bild 7 zeigt die Gesamteinheit F^* in Form eines Blockbildes.

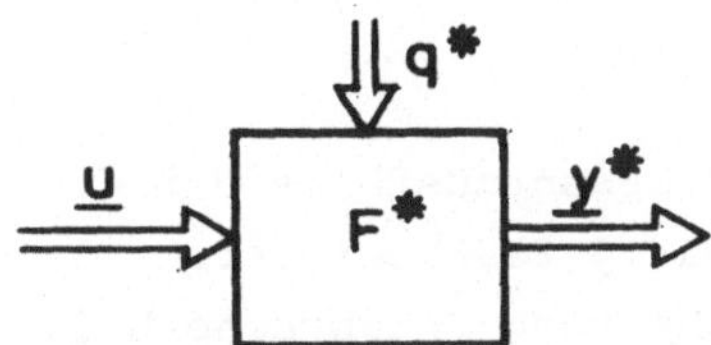

Bild 7. Blockbild der Gesamteinheit, in der eine
operative Sicherungsmethode angewandt ist

Um nun die Sicherheitsforderungen zu erfüllen, müssen die
drei Funktionen der operativen Sicherung - Erkennung, Auswertung und Beeinflussung - so gewählt werden, daß die Funktion der Gesamteinheit F^* durch Störungsfälle q^* nie in eine
gefährliche Funktion verändert wird.
In einem technischen System können gleichzeitig sowohl vorbeugende als auch operative Sicherungsmethoden angewandt werden. Der Einfluß der Störungsfälle auf die Funktion des Systems wird durch beide Sicherungsmethoden bestimmt.

4. Berechnung der Sicherheit digitaler Schaltungen

4.1 Untersuchung der Ausfallwirkungen

Steuerungssysteme bestehen im wesentlichen aus digitalen
Schaltungen. Dies ist der Grund, weshalb die Sicherheitsuntersuchungen für digitale Schaltungen durchgeführt werden.

4.1.1 Allgemeine Annahmen und Einschränkungen

Bei der Untersuchung der Sicherheit digitaler Schaltungen
seien folgende Einschränkungen erfüllt:

Ereignis-Art

1) Es sollen nur Ereignisse vom Typ Bauelementausfall betrachtet werden.
2) Jedes Bauelement kann verschiedene Ausfallarten haben
   (Kurzschluß, Unterbrechung u.a.)
3) Alle Ausfallarten der verwendeten Bauelemente seien bekannt.
4) Bauelementausfälle können nur statisch auftreten.

Wirkung

1) Die Wirkung der Bauelementausfälle auf die Funktion der
   Schaltung sei eindeutig feststellbar.
2) Die Funktion der Schaltung entspreche bei jedem Bauelementausfall und jeder Ausfallart einer bestimmten logischen Funktion.
3) Bei mehreren Bauelementausfällen sei die Funktion der
   Schaltung ebenfalls eindeutig beschreibbar. Sie kann u.U.
   von der Reihenfolge des Auftretens einzelner Bauelementausfälle abhängig sein.
4) Bei einem Kurzschluß der Versorgungsspannung gegen Masse
   wird angenommen, daß durch eine Sicherung die Stromver-
   sorgung unterbrochen wird.

Ausfallraten

1) Jede Ausfallart der verwendeten Bauelemente tritt mit
   einer bestimmten Ausfallrate auf.

2) Die Ausfallraten für die verschiedenen Ausfallarten seien
   für alle verwendeten Bauelemente konstant, oder zumindest
   abschnittsweise konstant.
3) Eine sprunghafte Änderung der Ausfallraten, verursacht
   durch einen Bauelementausfall, ist zugelassen (z.B. Über-
   lastung, Unterbelastung anderer Bauelemente, Ausschluß
   anderer Ausfallarten des schon ausgefallenen Bauelements).
4) Die Ausfallraten seien für alle Ausfallarten der verwendeten Bauelemente bekannt. Sie können auch aus den Ausfallraten der Bauelemente und den bedingten Wahrscheinlichkeiten für jede Ausfallart berechnet werden [4, S.129].
5) Die sprunghaften Änderungen der Ausfallraten seien nach
   jedem Bauelementausfall bekannt.

4.1.2 Bezeichnung der Einzel- und Mehrfachausfälle

In Abschnitt 4.1.1 wurden nur Bauelementausfälle angenommen.
Mit q werden also nur die Einzel- und Mehrfachausfälle bezeichnet.

Kennzeichnung eines Einzelausfalls

Fällt in einer Einheit ein einziges Bauelement in einer bestimmten Art aus, kurz Einzelausfall genannt, so kann man
dem Einzelausfall eine natürliche positive Nummer zuordnen.
Die Zuordnung der Nummer kann beliebig sein, sie muß jedoch
ein-eindeutig sein. Numeriert man alle Bauelemente fortlaufend durch j = 1,2,.... und charakterisiert die Ausfallarten
jedes Bauelements mit k = 1,2,...., so kann dem Einzelausfall:
Bauelement J ausgefallen, Ausfallart K, eine ein-eindeutige
Nummer z über folgende Beziehung zugeordnet werden:

$$z = \sum_{j=1}^{J-1} a_j + K \quad , \tag{11}$$

wobei

a_j die jeweilige Anzahl der Ausfallarten des Bauelements j
angibt.

Da die Zuordnung der Nummer ein-eindeutig ist, läßt sich um-
gekehrt aus z wieder das ausgefallene Bauelement J und die

Ausfallart K des Bauelements über

$$K = z - \sum_{j=1}^{J-1} a_j \geq 1 \tag{12}$$

ermitteln, wobei J einem maximalen Wert entspricht, der die Bedingung ≥ 1 in (12) noch erfüllt.

Besteht die untersuchte Einheit aus mehreren <u>Untereinheiten</u>, so kann die Nummer des Einzelausfalls $z^{(I)}$ der Untereinheit I in eine Nummer z^*

$$z^* = c_I + z^{(I)} \tag{13}$$

zur Bezeichnung des Einzelausfalls der Gesamteinheit umgerechnet werden, wobei

$$c_I = \sum_{i=1}^{I-1} b_i \quad , \tag{14}$$

und b_i die Anzahl aller möglichen Einzelausfälle der Einheiten i angibt.

Die Anzahl b_i ergibt sich als Summe von a_j über alle Bauelemente j der Einheit i.

Da die Zuordnung der Nummer z^* den Einzelausfällen in der Gesamteinheit wieder ein-eindeutig ist, läßt sich zunächst der Einzelausfall $z^{(I)}$ in der Einheit I aus

$$z^{(I)} = z^* - \sum_{i=1}^{I-1} \geq 1 \tag{15}$$

ermitteln, wobei I einem maximalen Wert entspricht, der die Bedingung ≥ 1 in (15) noch erfüllt.

Aus dem Einzelausfall $z^{(I)}$ läßt sich wiederum das in der Einheit I ausgefallene Bauelement J und die Ausfallart K über (12) ermitteln.

<u>Beispiel</u>

Bei den ersten sechs Bauelementen einer Einheit seien nur zwei Ausfallarten (z.B. Kurzschluß und Unterbrechung) angenommen, d.h. k = 1,2 und

$$a_j = 2 \, , \qquad j = 1,2,\ldots.6 \, .$$

Für den Einzelausfall: J = 4, K = 2, d.h. Bauelement 4 ausgefallen, Ausfallart 2 (z.B. unterbrochen) ergibt sich aus (11) die Zahl z zu:

$$z = \sum_{j=1}^{3} a_j + 2 = 8 \, .$$

Besteht nun die Gesamteinheit aus 3 Untereinheiten, muß diese Nummer z nach (13) in z^* umgerechnet werden.
Ist die untersuchte Einheit, die den Einzelausfall enthält, die dritte Einheit (I = 3), d.h.

$$z^{(3)} = z = 8 \, ,$$

und beträgt die Anzahl aller möglichen Einzelausfälle der ersten zwei Einheiten

$$b_1 = b_2 = 20 \, ,$$

so ergibt sich z^* zu (vgl. Tab.2)

$$z^* = c_3 + z^{(3)} = 40 + z = 48 \, ,$$

da für c_3 nach (14)

$$c_3 = \sum_{i=1}^{2} b_i = 40$$

anzusetzen ist.

Aus den Formeln (11) bis (15) und der Tab.2 ist ersichtlich, daß die Zuordnung

$$\left. \begin{array}{l} \text{Einheit I} \\ \text{Bauelement J} \\ \text{Ausfallart K} \end{array} \right\} \longleftrightarrow \text{Einzelausfall } z^* \qquad (16)$$

ein-eindeutig ist und dem fortlaufenden Durchnumerieren von Einzelausfällen entspricht.

Einheit I	Bauelement J	Ausfall-art K	Einzel-ausfall $z^{(I)}$	Einzel-ausfall z^*
	1	1	1	1
		2	2	2
1	2	1	3	3
		2	4	4
	⋮	⋮	⋮ 20	⋮ 20
	1	1	1	21
2		2	2	22
	⋮	⋮	⋮ 20	⋮ 40
	1	1	1	41
		2	2	42
	2	1	3	43
		2	4	44
3	3	1	5	45
		2	6	46
	4	1	7	47
		2	8	48
	⋮	⋮	⋮	⋮

Tab.2. Beispiel für die Zuordnung der Werte $z^{(I)}$ bzw. z^* zu den Einzelausfällen

Darstellung eines Mehrfachausfalls

Ein Mehrfachausfall setzt sich aus mehreren Einzelausfällen zusammen. Die Maximalzahl der Einzelausfälle eines Mehrfachausfalls sei begrenzt und mit M angegeben. Ein N-fach-Ausfall kann ein-eindeutig mit einem M-Tupel q_N

$$q_N = (z_1, z_2, \ldots z_N, 0, \ldots 0) \quad , \qquad N \leq M$$

$$z_i \neq 0 \qquad \text{für} \quad i = 1, 2, \ldots N \tag{17}$$

$$z_i = 0 \qquad \text{für} \quad i = N+1, N+2, \ldots M$$

dargestellt werden, wobei

z_1 den ersten

z_2 den zweiten

⋮

z_N den N-ten Einzelausfall bezeichnet.

Der Einzelausfall kann also auch durch einen M-Tupel

$$q_1 = (z_1, 0, 0, \ldots 0)$$

mit nur einem Element ungleich Null $z_1 \neq 0$ dargestellt werden.

Ausfallfreier Fall

Der ausfallfreie Fall kann ebenfalls durch diesen M-Tupel dargestellt werden:

$$q_0 = (0, 0, \ldots 0) \quad . \tag{18}$$

Darstellung der möglichen Fälle mit q

Mit dem M-Tupel kann man also alle möglichen Störungsfälle einschließlich des störungsfreien Falls ein-eindeutig darstellen:

$$q_N = \begin{cases} q_0 = (0, 0, \ldots 0) & \text{ausfallfreier Fall} , \ N = 0 \\ q_1 = (z_1, 0, \ldots 0) & \text{Einzelausfall} , \quad N = 1 \\ \vdots \\ \vdots \\ q_N = (z_1, z_2, \ldots z_N, 0, \ldots 0) & \text{N-fach-Ausfall}, \ N \leq M \end{cases} \tag{19}$$

4.1.3 Bezeichnung der Funktionen digitaler Schaltungen

Um die Veränderung der Funktion (verursacht durch Bauelementausfälle) eindeutig bezeichnen zu können, sei eine einfache Darstellung gewählt.

Bezeichnung der logischen kombinatorischen Funktionen

Da vorausgesetzt wurde, daß die Bauelementausfälle nur statisch auftreten können, realisiert eine Funktionseinheit z.B. mit zwei Eingangsvariablen u_1, u_2 und einer Ausgangsvariable y stets, d.h. sowohl im ausfallfreien Falle als auch bei Einzel- oder Mehrfachausfällen nur eine bestimmte der insgesamt 16 möglichen Funktionen (Tab. 3).

u_1 u_2	f_0	f_1	f_2	f_3	f_4	f_5	f_6	f_7	f_8	f_9	f_{10}	f_{11}	f_{12}	f_{13}	f_{14}	f_{15}
O O	O	L	O	L	O	L	O	L	O	L	O	L	O	L	O	L
O L	O	O	L	L	O	O	L	L	O	O	L	L	O	O	L	L
L O	O	O	O	O	L	L	L	L	O	O	O	O	L	L	L	L
L L	O	O	O	O	O	O	O	O	L	L	L	L	L	L	L	L

Tab. 3. Die 16 möglichen Funktionen von zwei Variablen.

In der Bezeichnung der Funktionen f_i, i = 0,,,15 entspricht
der Index i dem binären Code der Ausgangswerte y für die ge-
wählte Reihenfolge der Kombinationen von Eingangswerten u_1, u_2.

Die logische Funktion UND entspricht also der Funktion

$$y = u_1 \wedge u_2 = f_8(u_1, u_2) \quad . \tag{20}$$

Bei einer so gewählten Bezeichnung muß, um die Eindeutigkeit
zu gewährleisten, die Reihenfolge der Eingangsvariablen u_1, u_2
in der Tab. 3 und in der Darstellung (20) übereinstimmen, da
z.B. $f_4(u_1, u_2) \neq f_4(u_2, u_1)$ ist. Falls die Funktionseinheit
mehr als eine Ausgangsvariable hat, so realisiert sie stets
eine der 16 möglichen Funktionen bezüglich jeder Ausgangsvariable. Bei zwei Ausgangsvariablen ist also

$$\begin{aligned}
y_1 &= f_{i_1}(u_1, u_2) \quad , & i_1 &\in I \\
y_2 &= f_{i_2}(u_1, u_2) \quad , & i_2 &\in I
\end{aligned} \tag{21}$$

wobei

$$I = \{0, 1, \ldots 15\} \text{ die Menge aller Indizes darstellt.}$$

<u>Bezeichnung der logischen Funktionen mit Speichereigenschaften</u>

Die obige Schreibweise kann auch für eine logische Funktion
mit Speichereigenschaften verwendet werden. Demnach erhält
man z.B. für eine Funktion mit zwei Eingangsvariablen u_1, u_2,
einer Innenvariable x und einer Ausgangsvariable y folgende
Darstellung:

$$y_n = f_{i_1}(x_{n-1}, u_{1,n}, u_{2,n}) \quad , \quad i_1 \in I \qquad (22)$$

$$x_n = f_{i_2}(x_{n-1}, u_{1,n}, u_{2,n}) \quad , \quad i_2 \in I \quad , \qquad (23)$$

wobei

$I = \{0, 1, \ldots 255\}$ die Menge aller Indizes darstellt (hier
insgesamt 256 mögliche Funktionen),

$u_{1,n}, u_{2,n}, y_n, x_n$ die Werte der Eingangs-, Ausgangs- und
Innenvariablen zu diskreten Zeitpunkten
t_n, $n = 1, 2 \ldots$ angeben.

In Bild 8 ist diese Funktion in Form eines Blockbilds dargestellt. Die Zeitdifferenz zwischen den Zeitpunkten t_n und
t_{n-1} wird durch ein Verzögerungsglied T realisiert.

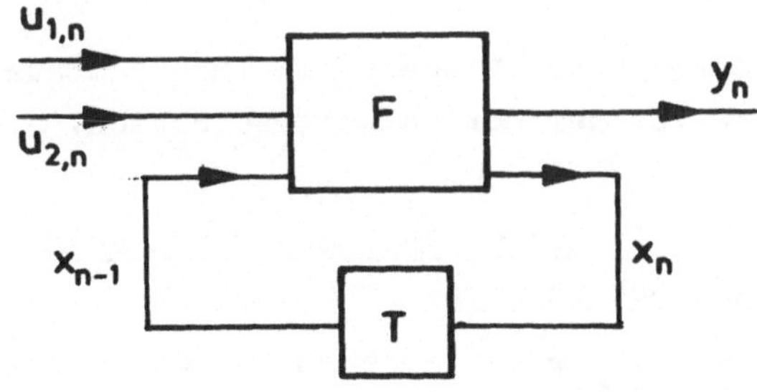

<u>Bild 8.</u> Blockbild einer logischen Funktion
mit Speichereigenschaft

Anzahl aller möglichen Funktionen

In Tab.3 sind alle der insgesamt 16 möglichen Funktionen bei zwei Eingangsvariablen angeführt. Ist die Dimension des Eingangsvektors m_u, so ergibt sich der Maximalwert i_{max} zu

$$i_{max} = 2^{2^{m_u}} - 1 \quad . \tag{24}$$

Die Zahl aller möglichen Funktionen ist also

$$i_{max} + 1 = 2^{2^{m_u}} \quad . \tag{25}$$

Bei den logischen Funktionen mit Speichereigenschaften ist

$$i_{max} = 2^{2^{(m_u+m_x)}} - 1 \quad , \tag{26}$$

wobei
m_u, m_x die Dimension der Vektoren von Eingangs- bzw. Innenvariablen darstellen.

In (22) bzw. (23) ist $m_u = 2$ und $m_x = 1$, d.h. $m_u + m_x = 3$. Die Zahl aller möglichen Funktionen bezüglich einer Ausgangsvariablen (bzw. Innenvariablen) ergibt sich nach (26) zu

$$i_{max} + 1 = 2^{2^3} = 2^8 = 256. \tag{27}$$

Ändert sich durch einen Einzel- bzw. Mehrfachausfall die Dimension m_x, so ist der Maximalwert zu nehmen.

4.1.4 Kriterium für die gefährliche Veränderung der Funktion digitaler Schaltungen

Im vorigen Abschnitt wurde angenommen, daß Bauelementausfälle (Bild 1, Ereignis ①) die Funktion der Schaltung verändern können (Ereignis ②). Um festzustellen, ob die Funktion gefährlich verändert wird (Ereignis ③) oder nicht, ist ein Kriterium erforderlich.
Als Kriterium bei der Untersuchung der Sicherheit digitaler Schaltungen soll hier eine Überprüfung auf das sog. fail-safe-Verhalten angenommen werden.

Das Kriterium

Die Funktion der Schaltung sei durch Bauelementausfälle dann
gefährlich verändert, wenn für mindestens eine Kombination
der Eingangswerte folgende Bedingung für die Ausgangswerte
nicht erfüllt ist:

$$\hat{y} \leq y \ , \tag{28}$$

wobei

y   der Ausgangswert der fehlerfreien Funktion,
$\hat{y}$ der Ausgangswert der durch Bauelementausfälle veränderten
     Funktion der Schaltung ist.

Wird z.B. dieses Kriterium auf die in Tab. 1 aufgeführten
Werte y und deren Veränderungen $\hat{y}$ angewandt, so ist (28) nicht
erfüllt, d.h. die Veränderung der Funktion ist als gefährlich
zu betrachten.

4.1.5 Bezeichnung der Ausfallwirkungen

In obigem Abschnitt wurde ein Kriterium für die gefährliche
Veränderung der Funktion einer digitalen Schaltung eingeführt.
Wird bei einem Einzel- bzw. Mehrfachausfall die Funktion gefährlich verändert, so sei die Ausfallwirkung mit GF bezeichnet (Gefährliche Funktion). Wird dagegen das Kriterium (28)
nicht verletzt, so sei diese Ausfallwirkung mit VF bezeichnet
(Verschieden von der gefährlichen Funktion). Die Ausfallwirkungen VF lassen sich noch weiter unterscheiden (Bild 9).

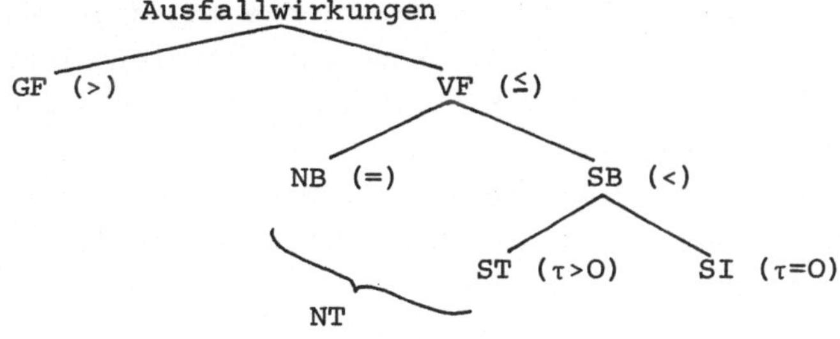

Bild 9. Unterteilung der Ausfallwirkungen

In Bild 9 bedeuten:

GF   gefährliche Ausfallwirkung, die durch eine gefährliche Veränderung der Funktion der Schaltung gekennzeichnet ist (Das Kriterium ist nicht erfüllt).

VF   von GF unterschiedliche Ausfallwirkung. Die Veränderung der Funktion der Schaltung ist von der gefährlichen verschieden (Das Kriterium ist erfüllt).

NB   nicht bemerkbare Ausfallwirkung (Das Kriterium ist
erfüllt. In der Bedingung (28) gilt das Gleichheits-
zeichen =).

SB   zur sicheren Seite bemerkbare Ausfallwirkung (Das
Kriterium ist erfüllt. In der Bedingung (28) gilt
das Zeichen der Ungleichung (<) für mindestens eine
Kombination der Eingangswerte).

SI   sichere Ausfallwirkung (Das Kriterium ist erfüllt.
In der Bedingung (28) gilt sofort mit dem Auftreten
des Einzel- bzw. Mehrfachausfalls das Zeichen der
Ungleichung (<) für mindestens eine Kombination der
Eingangswerte. Es gibt hier keine Zeitverzögerung,
$\tau=0$).

ST   sichere Ausfallwirkung, die erst nach einer bestimmten Zeit (Time) in Erscheinung tritt. (Das Kriterium
ist erfüllt. In der Bedingung (28) gilt das Zeichen
der Ungleichung (<) erst nach einer bestimmten Zeit
$\tau>0$, nachdem ein Einzel- bzw. Mehrfachausfall aufgetreten ist).

NT   NB- oder ST-Ausfallwirkung.

Bei Einzel- bzw. Mehrfachausfällen, die mit einer NT-Ausfallwirkung gekennzeichnet sind, kann ein weiterer Einzelausfall
hinzukommen, der bei der Sicherheitsuntersuchung auch berücksichtigt werden soll.
In Bild 9 sind in Klammern jeweils das in der Bedingung (28)
geltende Zeichen angegeben; bei ST und SI ist die Zeitverzögerung τ vermerkt.

4.1.6 Zerlegung der Menge aller möglichen Einzel- und Mehrfachausfälle

Die Zerlegung der Menge aller möglichen Einzel- und Mehrfachausfälle wird, ohne die Allgemeingültigkeit dabei einzuschränken, für eine Funktion mit mehreren Eingangsvariablen und nur einer Ausgangsvariablen durchgeführt. Die Erweiterung auf Funktionen mit mehreren Ausgangs- bzw. auch Innenvariablen ist leicht möglich.

Zerlegung der Menge aller möglichen Einzelausfälle

Die Menge aller möglichen Einzelausfälle sei mit $Z = \{1,2,\ldots\}$ bezeichnet. Durch die Nummer $z \in Z$ ist, wie in Abschnitt 4.1.2 definiert, der Einzelausfall eindeutig bestimmt.
Die Menge Z kann in Teilmengen hinsichtlich der Auswirkungen der Einzelausfälle auf die Funktion der Schaltung zerlegt werden.
Bezeichnet man mit Z_i Teilmengen der Menge Z von Einzelausfällen z, für die die Schaltung die gleiche Funktion f_i realisiert, so kann die Wirkung der Einzelausfälle auf die Funktion der Schaltung folgendermaßen beschrieben werden:

$$\hat{y} = f(\underline{u},z) = f_i(\underline{u}) \quad , \quad \text{für } z \in Z_i \ , \ i \in I \ , \qquad (29)$$

wobei
$I = \{0,1,2,\ldots\}$ die Menge der Indizes i zur Beschreibung aller möglichen Funktionen f_i dieser Schaltung darstellt.

Für die Zerlegung der Menge Z in Z_i gilt:

$$\bigcup_{i \in I} Z_i = Z$$

und $\qquad\qquad\qquad\qquad\qquad\qquad\qquad\qquad\qquad\qquad\qquad$ (30)

$$Z_i \cap Z_j = \emptyset \quad , \quad \text{für } i \neq j \in I \ ,$$

wobei

$\emptyset$ die leere Menge darstellt.

Die Menge Z kann auch hinsichtlich der Ausfallwirkungen in Teilmengen zerlegt werden.

Bezeichnet man mit $Z_{GF}, Z_{VF}, Z_{NB}, Z_{SB}$ Teilmengen der Menge Z der Einzelausfälle z, die mit den Ausfallwirkungen GF,VF, NB und SB gekennzeichnet sind (s. Abschnitt 4.1.5), so kann man diese Teilmengen in folgender Weise darstellen:

$$Z_{GF} = \bigcup_i Z_i \quad , \quad \text{über alle i, für die die Bedingung (28),}$$

d.h.

$$\hat{y} = f_i(\underline{u}) \leq f(\underline{u},0) = y \tag{31}$$

für mindestens eine Kombination der Eingangswerte $\underline{u}$ nicht erfüllt ist.

$$Z_{VF} = \bigcup_i Z_i \quad , \quad \text{über alle i, für die die Bedingung (28),}$$

d.h. die Bedingung in (31) für alle Werte $\underline{u}$ erfüllt ist. $\tag{32}$

$$Z_{NB} = Z_i \quad , \quad \text{wobei i den Index zur Bezeichnung der}$$

ausfallfreien Funktion darstellt, d.h.

$$\hat{y} = f_i(\underline{u}) = f(\underline{u},0) = y \quad . \tag{33}$$

$$Z_{SB} = \bigcup_i Z_i \quad , \quad \text{über alle i, für die die Bedingung (28),}$$

d.h. die Bedingung in (31) für alle Werte $\underline{u}$ erfüllt ist, und die Bedingung

$$\hat{y} = f_i(\underline{u}) < f(\underline{u},0) = y$$

für mindestens eine Kombination der Eingangswerte $\underline{u}$ erfüllt ist. $\tag{34}$

Da die Zerlegung der Menge Z in diese Teilmengen eindeutig ist (s. Bild 9), gelten folgende Beziehungen:

$$
\begin{aligned}
Z_{GF} \cup Z_{VF} &= Z \\
Z_{GF} \cap Z_{VF} &= \emptyset \\
Z_{NB} \cup Z_{SB} &= Z_{VF} \\
Z_{NB} \cap Z_{SB} &= \emptyset \quad .
\end{aligned}
\tag{35}
$$

Sind die Verzögerungszeiten τ von Eintritt des Einzelausfall bekannt, bis die Bedingung in (34) für mindestens eine Kombi nation der Eingangswerte $\underline{u}$ erfüllt ist, so läßt sich die Teilmenge Z_{SB} in zwei Untermengen zerlegen, die mit Z_{ST} und Z_{SI} entsprechend den Ausfallwirkungen ST und SI bezeichnet werden. Da auch diese Zerlegung eindeutig ist, gilt:

$$Z_{ST} \cup Z_{SI} = Z_{SB}$$
$$Z_{ST} \cap Z_{SI} = \emptyset \quad . \tag{36}$$

Die Teilmengen Z_{NB} und Z_{ST} können zu einer Menge vereint werden, die mit Z_{NT} entsprechend der Ausfallwirkung NT bezeichnet wird

$$Z_{NB} \cup Z_{ST} = Z_{NT}$$
$$Z_{NB} \cap Z_{ST} = \emptyset \quad . \tag{37}$$

Zerlegung der Menge aller möglichen Zweifachausfälle

Ein Zweifachausfall besteht, wie erwähnt, aus zwei Einzelausfällen und kann mit einem Paar bzw. einem 2-Tupel

$$q_2 = (z_1, z_2)$$

dargestellt werden, wobei z_1 den ersten und z_2 den zweiten Einzelausfall bezeichnen.

Die in (19) nach z_N, $1 \le N \le M$, stehenden Nullen werden der Einfachheit halber weggelassen, und $q_O = O$ genommen.

Für jeden ersten Einzelausfall $z_1 \in Z$ kann aufgrund einer Untersuchung eine Menge aller möglichen zweiten Einzelausfälle festgestellt werden. Die Mengen aller möglichen zweiten Einzelausfälle z_2 hängen also von den ersten Einzelausfällen z_1 ab. Diese Mengen seien mit $Z(z_1)$ bezeichnet. Jede dieser Mengen kann in Teilmengen sowohl hinsichtlich der Funktion der Schaltung als auch hinsichtlich der Auswirkungen - ähnlich wie es oben bei den Einzelausfällen durchgeführt wurde - zerlegt werden.

Bezeichnet man mit $Z_i(z_1)$ Teilmengen der Menge $Z(z_1)$
der zweiten Einzelausfälle z_2, für die die Schaltung die
gleiche Funktion f_i realisiert, vorausgesetzt, daß der Einzelausfall z_1 vorher eingetreten ist, so kann die Wirkung
beider Einzelausfälle z_1 und z_2 wie folgt dargestellt werden:

$$\hat{y} = f(\underline{u},q_2) = f(\underline{u},z_1,z_2) = f_i(\underline{u}) \ , \ \text{für} \quad \begin{array}{c} z_2 \in Z_i(z_1) \\ z_1 \in Z \end{array} \quad . \quad (38)$$

Für diese Zerlegung gilt ebenfalls die Beziehung (30), die
hier folgende Form annimmt:

$$\bigcup_{i \in I} Z_i(z_1) = Z(z_1) \tag{39}$$

$$Z_i(z_1) \cap Z_j(z_1) = \emptyset \ , \quad \text{für } i \neq j \in I \ . \tag{40}$$

Die Mengen $Z(z_1)$ können auch hinsichtlich der Ausfallwirkungen zerlegt werden. Man erhält dabei Formeln, die den
Formeln (31) - (37) ähnlich sind, z.B.

$$Z_{GF}(z_1) = \bigcup_i Z_i(z_1) \ , \quad \text{über alle } i, \text{ für die die Bedin-}$$
gung (28), d.h. die Bedingung in
(31) für mindestens eine Kombi-
nation der Eingangswerte $\underline{u}$ nicht
erfüllt ist. $\tag{41}$

Zerlegung der Menge aller möglichen Mehrfachausfälle

Die oben dargestellte Zerlegung aller möglichen Zweifachausfälle kann auch für Mehrfachausfälle durchgeführt werden. Ein N-fach-Ausfall wird mit einem N-Tupel

$$q_N = (z_1,z_2,\ldots z_N)$$

von N Einzelausfällen $z_1,z_2,\ldots z_N$ dargestellt.
Für jeden (N-1)-fach-Ausfall q_{N-1} kann man eine Menge aller
möglichen N-ten Einzelausfälle aufgrund einer Untersuchung
feststellen. Diese Mengen seien ähnlich der obigen Bezeich-

nung mit $Z(q_{N-1})$ dargestellt. Jede dieser Mengen kann in Teilmengen sowohl hinsichtlich der Funktionen der Schaltung als auch hinsichtlich der Ausfallwirkungen zerlegt werden.

Bezeichnet man mit $Z_i(q_{N-1})$ Teilmengen der Menge $Z(q_{N-1})$ der N-ten Einzelausfälle z_N, für die die Schaltung die gleiche Funktion f_i realisiert, vorausgesetzt, daß der (N-1)-fach-Ausfall q_{N-1} eingetreten ist, so kann die Wirkung aller N Einzelausfälle $z_1, z_2, \ldots z_N$ wie folgt dargestellt werden:

$$\hat{y} = f(\underline{u}, q_N) = f_i(\underline{u}), \quad \text{für} \quad z_N \in Z_i(q_{N-1}) \text{ und alle } q_{N-1}. \quad (42)$$

Die Formeln (30) bis (37) können auch auf die Mehrfachausfälle erweitert werden, z.B. geht (31) für N-fach-Ausfälle in folgende Formel über:

$$Z_{GF}(q_{N-1}) = \bigcup_i Z_i(q_{N-1}) \quad , \quad \text{über alle i, für die die Bedingung (28), d.h. die Bedingung in (31) für mindestens eine Kombination der Eingangswerte } \underline{u} \text{ nicht erfüllt ist.} \quad (43)$$

4.1.7 Anwendungsbeispiele

Die oben beschriebene Darstellung der Wirkung von Einzel- und Mehrfachausfällen läßt sich auf eine beliebige digitale Schaltung anwenden. In [7, S.51-52] werden am Beispiel eines Transistorschalters in Widerstand-Transistor-Logik (RTL) die veränderten Funktionen für die wesentlichen Ausfallmöglichkeiten der Schaltung aufgeführt.

In bestimmten Anwendungsfällen, z.B. bei der Steuerung eines Zugverkehrssystems, werden Relaisschaltungen verwendet, an die hohe Sicherheitsforderungen gestellt sind. Als Anwendungsbeispiele werden daher Relaisschaltungen genommen. Um die Wirkung eines Bauelementausfalls leicht verfolgen zu können, werden einfache Schaltungen gewählt. Zunächst werden die Ausfallwirkungen für ein Beispiel ohne operative Sicherung und nachher mit dieser Sicherung untersucht. Für dieselben Relaisschaltungen werden dann in den folgenden Abschnitten die Sicherheitsfunktionen und die Sicherheitskennwerte berechnet.

Für die verwendeten Bauelemente seien Ausfallarten und -raten entsprechend der Tab. 4 angenommen.

Bauelement	Ausfall-art	Ausfall-rate	Ausfallbeschreibung
Relais	Ab	r_1	zieht nicht an
	An	r_2	fällt nicht ab
Relais-kontakt	U_B	r_3	schließt nicht
	K_B	r_4	öffnet nicht
Verbindungs-leitung	U_B	r_5	unterbrochen
	K_o	r_6	Schluß gegen Masse
	K_1	r_7	Schluß gegen Versorg.-Spannung
	$K(1_i)$	r_8	Aderberührung
Tasten-kontakt	U_B	r_9	schließt nicht
	K_B	r_{10}	öffnet nicht

Tab. 4. Ausfallarten und -raten von Bauelementen

Die Signaldarstellung sei wie folgt gewählt:

Logischer Wert	Darstellung
O	Stromkreis unterbrochen (spannungslos)
L	Spannung U

Um auch Zahlenwerte bei der Berechnung der Sicherheit zu erhalten, seien folgende Werte der Ausfallraten zugrunde gelegt:

$$r_1 = r_3 = 10^{-7}\ h^{-1}$$
$$r_2 = r_4 = r_9 = 10^{-8}\ h^{-1}$$
$$r_5 = r_{10} = 10^{-9}\ h^{-1} \tag{44}$$
$$r_6 = r_7 = r_8 = 10^{-10}\ h^{-1} \quad .$$

Beispiel 1

Im Bild 10 ist die zu untersuchende Relaisschaltung dargestellt. Sie realisiert die logische Grundfunktion UND (s.
Tab. 3):

$$y = u_1 \wedge u_2 = f_8(u_1, u_2) \quad . \tag{45}$$

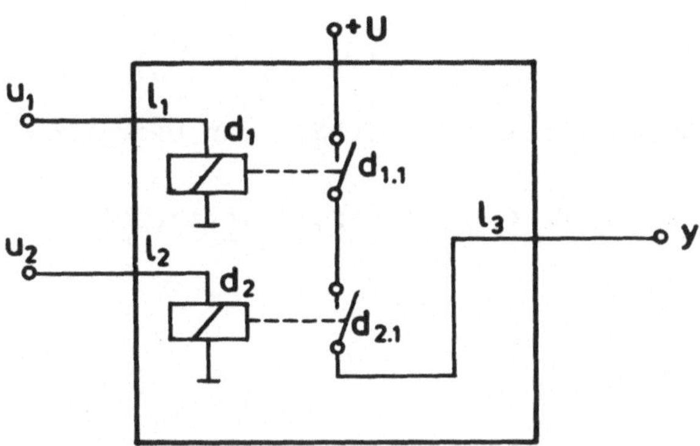

Bild 10. Beispiel einer Relaisschaltung ohne operative
Sicherung

Verwendete Abkürzungen der Bauelemente:

d_1, d_2	Relais
$d_{1.1}, d_{2.1}$	Relaiskontakte
l_1, l_2, l_3	Verbindungsleitungen

Es sollen die Wirkungen von Einzel- und Zweifachausfällen
der Schaltung untersucht werden. Die veränderten Funktionen
lassen sich anhand der Schaltung (Bild 10) einfach feststellen. Die Ausfallwirkungen erhält man, wenn das Kriterium
(28) auf die veränderten Funktionen angewandt wird.

<u>Einzelausfälle</u>

In Tab. 5 sind die durch Einzelausfälle veränderten Funktionen der Schaltung aufgeführt. Die Ausfallwirkungen sind ebenfalls vermerkt.

Aus dieser Tabelle lassen sich die Teilmengen Z_i, $i \in I =$ $= \{0,1,2,\ldots 15\}$ entsprechend (29) leicht entnehmen:

$$Z_o = \{1,3,5,7,9,10,14,15,18,19\}$$

$$Z_1 \text{ bis } Z_9, Z_{11}, Z_{13} = \emptyset \qquad \text{(leere Menge)}$$

$$Z_{10} = \{2,4,11,17\} \qquad (46)$$

$$Z_{12} = \{6,8,13,16\}$$

$$Z_{14} = \{12\}$$

$$Z_{15} = \{20\} \quad .$$

Aus den Beziehungen (31) $\div$ (34) erhält man bezüglich (45):

$$Z_{GF} = \bigcup_{\substack{i=1 \\ i \neq 8}}^{15} Z_i = \{2,4,6,8,11,12,13,16,17,20\}$$

$$Z_{VF} = Z_o$$

$$Z_{NB} = Z_8 = \emptyset \qquad (47)$$

$$Z_{SB} = Z_o \quad .$$

Die Zerlegung der Menge Z_{SB} in Z_{ST} und Z_{SI} erfolgt aufgrund zeitlicher Bedingungen. Zum Beispiel wird die Funktion der Schaltung durch den Einzelausfall $z = 18$ (Leitung l_3 unterbrochen) sofort in f_o verändert. Dagegen geht sie bei $z = 14$ erst nach der Abfallzeit des Relais d_2 (falls es angezogen war) in f_o über.
In Tab. 5 ist diese Unterteilung vermerkt. Daraus ergibt sich:

$$Z_{ST} = \{9,10,14,15,19\}$$
$$Z_{SI} = \{1,3,5,7,18\} \quad . \qquad (48)$$

Die Teilmenge Z_{NT} ergibt sich aus (37), (47) und (48) zu:

$$Z_{NT} = Z_{ST} = \{9,10,14,15,19\} \quad . \qquad (49)$$

Bauelement		Ausfallart des Bauelements		Einzel-ausfall	Funktion $\hat{y}=f(u_1,u_2)$	Ausfall-wirkung			Bemerkung
							VF		
J	Bezeich-nung	K	Bezeich-nung	z		GF	ST	SI	
1	d_1	1	Ab	1	f_o			X	
		2	An	2	f_{10}	X			
2	$d_{1.1}$	1	U_B	3	f_o			X	
		2	K_B	4	f_{10}	X			
3	d_2	1	Ab	5	f_o			X	
		2	An	6	f_{12}	X			
4	$d_{2.1}$	1	U_B	7	f_o			X	
		2	K_B	8	f_{12}	X			
5	l_1	1	U_B	9	f_o		X		Kurzschluß bei $u_1=L$
		2	K_o	10	f_o		X		
		3.	K_1	11	f_{10}	X			
		4	$K(l_2)$	12	f_{14}	X			
		5	$K(l_3)$	13	f_{12}	X			
6	l_2	1	U_B	14	f_o		X		Kurzschluß bei $u_2=L$
		2	K_o	15	f_o		X		
		3	K_1	16	f_{12}	X			
		4	$K(l_3)$	17	f_{10}	X			
7	l_3	1	U_B	18	f_o			X	Kurzschluß bei $u_1=u_2=L$
		2	K_o	19	f_o		X		
		3	K_1	20	f_{15}	X			

<u>Tab.5.</u> Die Funktion der Schaltung bei Einzelausfällen

Zweifachausfall

Wie schon bei der Bezeichnung der Ausfallwirkungen (Abschnitt 4.1.5) erwähnt, wird das Auftreten eines zweiten Einzelausfalls nur für diejenigen ersten Einzelausfälle betrachtet, die die Ausfallwirkung NT haben. In Tab. 6 sind die veränderten Funktionen nach dem zweiten Einzelausfall z_2 für jeden ersten Einzelausfall z_1 der Teilmenge Z_{NT} aus (49) angegeben. Sie wurden anhand der Schaltung nach Bild 10 ermittelt. Die Ausfallwirkungen sind ebenfalls aufgeführt.

Die Teilmengen $Z_{GF}(z_1)$ und $Z_{VF}(z_1)$ der zweiten Einzelausfälle z_2 können aus dieser Tabelle für die ersten Einzelausfälle $z_1 = 9,10,14,15,19$ leicht entnommen werden:

$$
\begin{aligned}
Z_{GF}(9) &= \{2,4,11,12,13,17,20\} \\
Z_{VF}(9) &= \{1,3,5\div8,10,14,15,16,18,19\} \\
Z_{GF}(10) &= \{17,20\} \\
Z_{VF}(10) &= \{1\div9,11\div16,18,19\} \\
Z_{GF}(14) &= \{6,8,12,13,16,17,20\} \\
Z_{VF}(14) &= \{1\div5,7,9\div11,15,18,19\} \\
Z_{GF}(15) &= \{13,20\} \\
Z_{VF}(15) &= \{1\div12,14,16\div19\} \\
Z_{GF}(19) &= \emptyset \\
Z_{VF}(19) &= \{1\div18,20\}
\end{aligned}
\tag{50}
$$

Beispiel 2

In Bild 11 ist eine Relaisschaltung dargestellt, die die Funktionen der operativen Sicherung - Erkennung, Auswertung und Beeinflussung - in einer einfachen Form wiedergibt. Die Gesamteinheit F^* realisiert im ausfallfreien Falle die Funktion der Schaltung F_1 (F_1 und F_2 seien identisch).

z_2	z_1									
	9		10		14		15		19	
	f_i	AW	f_i	AW	f_i	AW	f_i	AW	f_i	AW
1	f_0	SI	f_0	SI	f_0	SI	f_0	SI	f_0	SI
2	f_{10}	GF	f_0	ST	f_0	ST	f_0	ST	f_0	ST
3	f_0	SI	f_0	SI	f_0	SI	f_0	SI	f_0	SI
4	f_{10}	GF	f_0	ST	f_0	ST	f_0	ST	f_0	ST
5	f_0	SI	f_0	SI	f_0	SI	f_0	SI	f_0	SI
6	f_0	ST	f_0	ST	f_{12}	GF	f_0	ST	f_0	ST
7	f_0	SI	f_0	SI	f_0	SI	f_0	SI	f_0	SI
8	f_0	ST	f_0	ST	f_{12}	GF	f_0	ST	f_0	ST
9	–	–	f_0	ST	f_0	ST	f_0	ST	f_0	ST
10	f_0	ST	–	–	f_0	ST	f_0	ST	f_0	ST
11	f_{10}	GF	f_0	ST	f_0	ST	f_0	ST	f_0	ST
12	f_{10}	GF	f_0	ST	f_{12}	GF	f_0	ST	f_0	ST
13	f_{12}	GF	f_0	ST	f_{12}	GF	f_4/f_5	GF	f_0	ST
14	f_0	ST	f_0	ST	–	–	f_0	ST	f_0	ST
15	f_0	ST	f_0	ST	f_0	ST	–	–	f_0	ST
16	f_0	ST	f_0	ST	f_{12}	GF	f_0	ST	f_0	ST
17	f_{10}	GF	f_2/f_0	GF	f_{10}	GF	f_0	ST	f_0	ST
18	f_0	SI	f_0	SI	f_0	SI	f_0	SI	f_0	SI
19	f_0	ST	f_0	ST	f_0	ST	f_0	ST	–	–
20	f_{15}	GF	f_3/f_0	GF	f_{15}	GF	f_5/f_0	GF	f_0	ST

__Tab.6.__ Die Funktionen f_i der Schaltung und die Ausfallwirkungen (AW) bei Zweifachausfällen

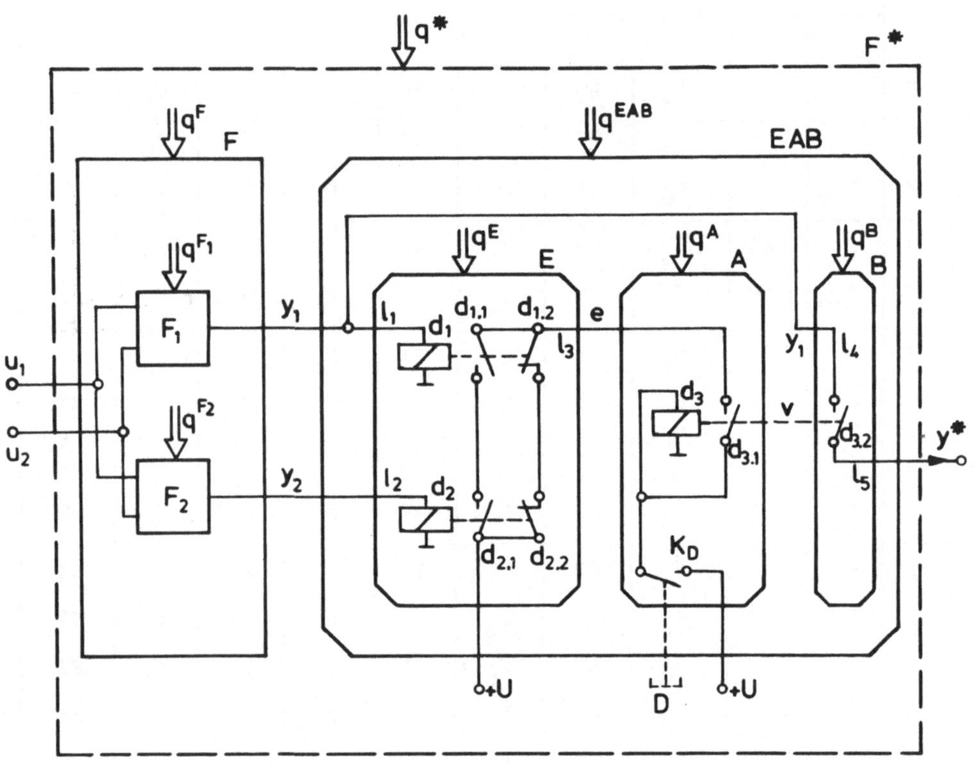

Bild 11. Beispiel der operativen Sicherung mit einer Relaisschaltung

Die in den Bildern 4, 5 und 6 verwendeten Bezeichnungen für
die Einheiten und Variablen wurden hier übernommen. Die Bauelemente wurden ähnlich wie im vorigen Bild bezeichnet. Hinzu
kommt:

$\qquad$ D $\qquad$ Taste

$\qquad$ K_D $\qquad$ Tastenkontakt .

Die Funktionseinheit F bestehe aus Relaisschaltungen F_1 und F_2
gleicher Funktion.

Das Blockschaltbild des Beispiels ist in Bild 12 wiedergegeben.

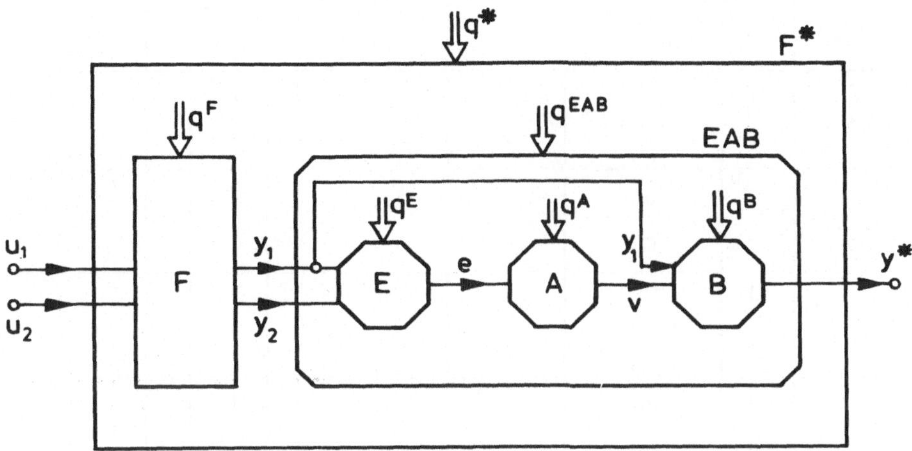

Bild 12. Blockschaltbild zum Beispiel der operativen Sicherung

Die Veränderungen der Funktion und die Ausfallwirkungen werden zunächst nur für Einzelausfälle bei den Einheiten E, A
und B gesondert anhand der Schaltung festgestellt. Dabei ist
zu beachten, daß das Kriterium (28) auf das Gesamtsystem F^*
mit dem Ausgangssignal y^* anzuwenden ist.

Die Erkennungseinheit

In der Erkennungseinheit E wird die Äquivalenz der Ausgangswerte y_1 und y_2 der Einheiten F_1 bzw. F_2 geprüft. Die Funktion der Erkennungseinheit wird beschrieben durch:

$$e = f_9(y_1, y_2) \tag{51}$$

In Tab. 7 sind die veränderten Funktionen und die Ausfallwirkungen bezüglich der Einzelausfälle aufgeführt.

Aus dieser Tabelle kann man die Zerlegung der Menge der möglichen Einzelausfälle nach der Funktion oder nach der Ausfallwirkung leicht entnehmen. Diese Mengen werden zusätzlich mit
E (Erkennungseinheit) gekennzeichnet.

| Bauelement | | Ausfallart des Bauelements | | Einzel-ausfall | Funktion | Ausfall-wirkung | | | | Bemerkung |
J	Bezeich-nung	K	Bezeich-nung	z^E	$e=f(y_1,y_2)$	GF	NB	ST	SI	
1	d_1	1	Ab	1	f_5			X		
		2	An	2	f_{10}			X		
2	$d_{1.1}$	1	U_B	3	f_1			X		
		2	K_B	4	f_{11}	X				
3	$d_{1.2}$	1	U_B	5	f_8			X		
		2	K_B	6	f_{13}	X				
4	d_2	1	Ab	7	f_3			X		
		2	An	8	f_{12}			X		
5	$d_{2.1}$	1	U_B	9	f_1			X		
		2	K_B	10	f_{13}	X				
6	$d_{2.2}$	1	U_B	11	f_8			X		
		2	K_B	12	f_{11}	X				
7	l_1	1	U_B	13	f_5			X		
		2	K_O	14	f_1/f_O			X		Kurzschluß bei $y_1=L$
		3	K_1	15	f_{10}			X		Rückwirkung auf y_1
		4	$K(l_2)$	16	f_{15}	X				
		5	$K(l_3)$	17	f_{12}/f_{13}			X		d_1 oszilliert bei $y_1=y_2=0$
8	l_2	1	U_B	18	f_3			X		
		2	K_O	19	f_1/f_O			X		Kurzschluß bei $y_2=L$
		3	K_1	20	f_{12}			X		Rückwirkung auf y_2
		4	$K(l_3)$	21	f_{10}/f_{11}			X		d_2 oszilliert bei $y_1=y_2=0$
9	l_3	1	U_B	22	f_O			X		
		2	K_O	23	f_O			X		Kurzschluß bei $y_1=y_2$
		3	K_1	24	f_{15}	X				

Tab.7. Funktionen der E-Einheit bei Einzelausfällen

$$z^E_{GF} \;=\; z^E_{SI} \;=\; \emptyset$$

$$z^E_{NB} \;=\; \{4,6,10,12,16,24\} \tag{52}$$

$$z^E_{ST} \;=\; \{1\div3,5,7\div9,11,13\div15,17\div23\} \quad .$$

Die Auswertungseinheit

In der Auswertungseinheit A wird die erste Meldung (e = O)
der Äquivalenzaufhebung ($y_1 \neq y_2$) durch das Abfallen des
Relais d_3 gespeichert. Das Relais kann mit der Starttaste D
wieder in den angezogenen Zustand gebracht werden. Es sei angenommen, daß bei gleichzeitiger Umschaltung der Relais d_1
und d_2 das Relais d_3 nicht abfällt.

Da in diesem Beispiel Fehler durch Bedienungspersonal nicht
angenommen werden, braucht man die Starttaste als Eingangsvariable nicht zu berücksichtigen. Sie wird nur einmal beim
Starten betätigt.
Die Funktion dieser Einheit hat eine Speichereigenschaft
(s. Bild 8) und kann wie folgt dargestellt werden:

$$v_n = f_8(v_{n-1}, e_n) \quad , \tag{53}$$

wobei

v_n, e_n die Werte der Variablen v und e zu diskreten Zeitpunkten t_n, n = 1,2,...., darstellen. Die veränderten Funktionen
und die Ausfallwirkungen sind in Tab. 8 zusammengestellt.

Aus dieser Tabelle kann man wieder die Zerlegung der Menge
der möglichen Einzelausfälle nach der Funktion oder nach der
Ausfallwirkung leicht entnehmen (hier mit A gekennzeichnet):

$$z^A_{GF} \;=\; \emptyset$$

$$z^A_{NB} \;=\; \{2,4\div6\}$$

$$z^A_{ST} \;=\; \{3\} \tag{54}$$

$$z^A_{SI} \;=\; \{1\}$$

Bauelement		Ausfallart des Bauelements		Einzel-ausfall z^A	Funktion $v_n=f(v_{n-1},e_n)$	Ausfall-wirkung			
						GF	VF		
J	Bezeich-nung	K	Bezeich-nung				NB	ST	SI
1	d_3	1	Ab	1	f_0				X
		2	An	2	f_{15}		X		
2	$d_{3.1}$	1	U_B	3	f_0			X	
		2	K_B	4	f_{10}		X		
3	K_D	1	U_B	5	f_8		X		
		2	K_B	6	f_{15}		X		

<u>Tab. 8.</u> Funktionen der A-Einheit bei Einzelausfällen

Die Beeinflussungseinheit

In der Beeinflussungseinheit B wird der Ausgang y^* der Gesamteinheit F^* in der Art beeinflußt, daß beim abgefallenen Relais d_3 (entspricht der Abspeicherung der Meldung über die erste Äquivalenzaufhebung) der Ausgangswert stets Null ist. Somit wird die Bedingung (28) gesichert. Der sog. Sicherungskreis ist nun geschlossen (s. Bild 4). Als Funktion dieser Einheit ergibt sich damit:

$$y^* = f_8(v,y_1) \quad . \tag{55}$$

In Tab. 9 sind sowohl die veränderten Funktionen als auch die Ausfallwirkungen bezüglich der angenommenen Einzelausfälle aufgeführt.

Bauelement		Ausfallart des Bauelements		Einzel- ausfall z^B	Funktion $y^* = f(v,y_1)$	Ausfallwirkung				Bemerkung
						GF	VF			
J	Bezeich- nung	K	Bezeich- nung				NB	ST	SI	
1	$d_{3.2}$	1	U_B	1	f_0				X	
		2	K_B	2	f_{10}		X			
2	1_4	1	U_B	3	f_0				X	
		2	K_O	4	f_0			X		Kurzschluß bei $y_1=L$
		3	K_1	5	f_{12}			X		Rückwirkung auf y_1
3	1_5	1	U_B	6	f_0				X	
		2	K_O	7	f_0			X		Kurzschluß bei $y_1 \wedge v=L$
		3	K_1	8	f_{15}	X				

Tab. 9. Funktionen der B-Einheit bei Einzelausfällen

Die Teilmengen von Einzelausfällen können nun aus dieser
Tabelle entnommen werden (hier mit B gekennzeichnet):

$$z^B_{GF} = \{8\}$$

$$z^B_{NB} = \{2\}$$

$$z^B_{ST} = \{4,5,7\} \tag{56}$$

$$z^B_{SI} = \{1,3,6\} \quad .$$

Die Gesamteinheit

Die Gesamteinheit F^* realisiert im fehlerfreien Fall die Funktion der Einheit F_1 (Bild 11). Nimmt man z.B. als F_1 und F_2
die Relaisschaltung von Beispiel 1 (Bild 10), so ist die fehlerfreie Funktion der Gesamteinheit

$$y^* = f_8(u_1,u_2) \quad . \tag{57}$$

Diese Funktion kann sich jedoch durch das Auftreten eines
Einzelausfalls in eine Funktion verändern, die eine Speichereigenschaft aufweist. Um diese veränderten Funktionen nach
(22) und (23) darstellen zu können (s. Bild 8), muß die Va-

riable v der Auswertungseinheit A als Innenvariable verwendet werden. In Tab. 10 sind die Werte der Eingangs-, Aus-
gangs- und Innenvariablen der Gesamteinheit für den fehlerfreien Fall dargestellt.

v_{n-1}	$u_{1,n}$	$u_{2,n}$	$y_{1,n}$	$y_{2,n}$	e_n	v_n	y_n^*
	O	O	O	O	L	O	O
	O	L	O	O	L	O	O
O	L	O	O	O	L	O	O
	L	L	L	L	L	O	O
	O	O	O	O	L	L	O
	O	L	O	O	L	L	O
L	L	O	O	O	L	L	O
	L	L	L	L	L	L	L

Tab. 10. Die fehlerfreien Werte von Variablen der Gesamteinheit F^*

Die Darstellung nach (22) und (23) hat hier die Form:

$$y_n^* = f_i(v_{n-1}, u_{1,n}, u_{2,n}) \quad , \quad i \in I$$
$$v_n = f_j(v_{n-1}, u_{1,n}, u_{2,n}) \quad , \quad j \in I \tag{58}$$

wobei

$I = \{0,1,2...255\}$ die Menge aller Indizes darstellt. Der
Maximalwert i_{max} ergibt sich aus (26).

Wird auch hier die gleiche Form der Indexzuordnung nach
Tab. 3 verwendet, so ergeben sich die Indizes $i, j \in I$ für
die Darstellung der fehlerfreien Funktion aus Tab. 10 zu:

$$i = 128$$
$$j = 240 \quad .$$

Für jeden Einzelausfall kann die Veränderung der Funktion
der Gesamteinheit F^* nach Bild 11 festgestellt und in einer
Tabelle (ähnlich der Tab. 10) zusammengestellt werden (insgesamt 78 Tabellen). Wird das Kriterium (28) auf diese Ta-

bellen angewandt, so können die in Bild 9 aufgeführten Ausfallwirkungen ermittelt werden.

Für alle Einzelausfälle der Untereinheiten F_1 und F_2 ergibt sich somit die Ausfallwirkung ST, da Einzelausfälle in diesen Einheiten durch die Einheit E nach einer Zeit erkannt werden und die SI-Auswirkung durch die Einheiten A und B gesichert wird.

Für die Einzelausfälle der Untereinheiten E, A und B wurden die Ausfallwirkungen festgestellt und sind in den Tabellen 7 bis 9 aufgeführt.

Um die Nummer der Einzelausfälle der Untereinheiten in eine Nummer z^* nach (13) zur Bezeichnung der Einzelausfälle in der Gesamteinheit F^* umrechnen zu können, müssen die Untereinheiten fortlaufend durchnumeriert werden (Tab. 11).

I	Einheit
1	F_1
2	F_2
3	E
4	A
5	B

<u>Tab. 11.</u> Zuordnung von Nummern der Untereinheiten

Aus den Tabellen 5, 7 bis 9 und 11 ergibt sich nach (13) die Umrechnungsformel zu:

$$z^* = \begin{cases} z^{F_1} & \text{entsprechend Tab. 5} \\ 20 + z^{F_2} & \text{"} \quad \text{Tab. 5} \\ 40 + z^{E} & \text{"} \quad \text{Tab. 7} \\ 64 + z^{A} & \text{"} \quad \text{Tab. 8} \\ 70 + z^{B} & \text{"} \quad \text{Tab. 9} \end{cases} \qquad (59)$$

Die Menge Z^* aller möglichen Einzelausfälle z^* in der Gesamteinheit F^* kann mit Hilfe (59) und Tab. 5, 7 bis 9 hinsichtlich der Ausfallwirkungen in Teilmengen wie folgt zerlegt werden:

$$z^*_{GF} = \{78\}$$

$$z^*_{NB} = \{44,46,50,52,56,64,66,68,69,70,72\}$$

$$z^*_{ST} = \{1\div40,41\div43,45,47\div49,51,53\div55,\ 57\div63,67,74,75,77\}$$

$$z^*_{SI} = \{65,71,73,76\}$$

$$z^*_{NT} = z^*_{NB}\cup z^*_{ST} \quad . \tag{60}$$

4.2 Berechnung der Sicherheitsfunktion

4.2.1 Bezeichnung der Ausfallraten

In Abschnitt 4.1.1 wurden konstante Ausfallraten angenommen, die beim Auftreten eines Einzelausfalls sprunghaft verändert werden können. Diese Abhängigkeit läßt sich einfach so darstellen, daß die Ausfallraten der Bauelemente mit den Werten z_i, $i = 1,2\dots$ der ersten, zweiten usw. Einzelausfälle indiziert werden:

λ_{z_1} — Ausfallrate des ersten Einzelausfalls z_1

λ_{z_1,z_2} — Ausfallrate des zweiten Einzelausfalls z_2, falls z_1 als erster Einzelausfall aufgetreten ist.

$\lambda_{z_1,z_2,\dots z_N}$ — Ausfallrate des N-ten Einzelausfalls z_N, falls der (N-1)fach Ausfall q_{N-1} vorausgegangen ist.

Entsprechend (17) gilt:

$$\lambda_{z_1} = \lambda_{q_1}$$
$$\lambda_{z_1,z_2} = \lambda_{q_2} \tag{61}$$
$$\lambda_{z_1,z_2,\dots z_N} = \lambda_{q_N} \quad .$$

Wird die sprunghafte Veränderung der Ausfallraten nicht berücksichtigt, so gilt

$$\lambda_{q_N} = \lambda_{z_N} \quad , \quad \text{für alle } N = 1,2,\ldots M \quad , \quad (62)$$

d.h. die Ausfallrate des N-ten Einzelausfalls z_N ist gleich der Ausfallrate, die sich ergibt, wenn z_N als erster Einzelausfall betrachtet wird.

4.2.2 Ausfallwirkungs- und Sicherungsdiagramm

Sind die Ausfallwirkungen und die Ausfallraten für alle Einzel- und Mehrfachausfälle bekannt, so läßt sich ein sog. Ausfallwirkungsdiagramm erstellen. Falls eine operative Sicherung angewandt wurde, kann ihre Wirkung in dasselbe Diagramm eingezeichnet werden. Das Diagramm wird daher als Ausfallwirkungs- und Sicherungsdiagramm bezeichnet. In diesem Diagramm wird ein Übergang mit einem Strich und mehrere Übergänge mit Doppelstrich dargestellt.

Einzelausfälle

Wird nur der erste Einzelausfall betrachtet, erhält man ein einfaches Ausfallwirkungsdiagramm (Bild 13).

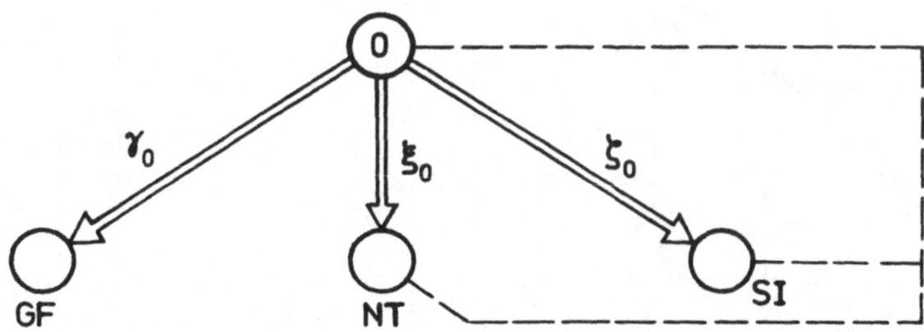

Bild 13. Ausfallwirkungsdiagramm für Einzelausfälle

Die Übergangsraten γ_0, ξ_0 und ζ_0 erhält man als Summe der Ausfallraten λ_{z_1} der Einzelausfälle über die Teilmengen Z_{GF}, Z_{NT} und Z_{SI}:

$$\gamma_O = \sum_{z_1 e Z_{GF}} \lambda_{z_1}$$

$$\xi_O = \sum_{z_1 e Z_{NT}} \lambda_{z_1} \qquad (63)$$

$$\zeta_O = \sum_{z_1 e Z_{SI}} \lambda_{z_1} \quad .$$

Die Bedeutung der gestrichelten Linie in Bild 13 wird bei
der Darstellung der Berechnungsmethode erläutert (Abschnitt
4.2.3).

Einzel- und Zweifachausfälle

Werden Einzel- und Zweifachausfälle betrachtet, ergibt sich
ein Ausfallwirkungs- und Sicherungsdiagramm nach Bild 14. In
diesem Diagramm wurden für jeden ersten Einzelausfall der
Teilmenge Z_{NT} die Wirkungen der zweiten folgenden Einzelausfälle berücksichtigt, die ebenfalls nach der Ausfallwirkung
GF, NT und SI in Teilmengen $Z_{GF}(z_1)$, $Z_{NT}(z_1)$ und $Z_{SI}(z_1)$
eingeteilt werden können.

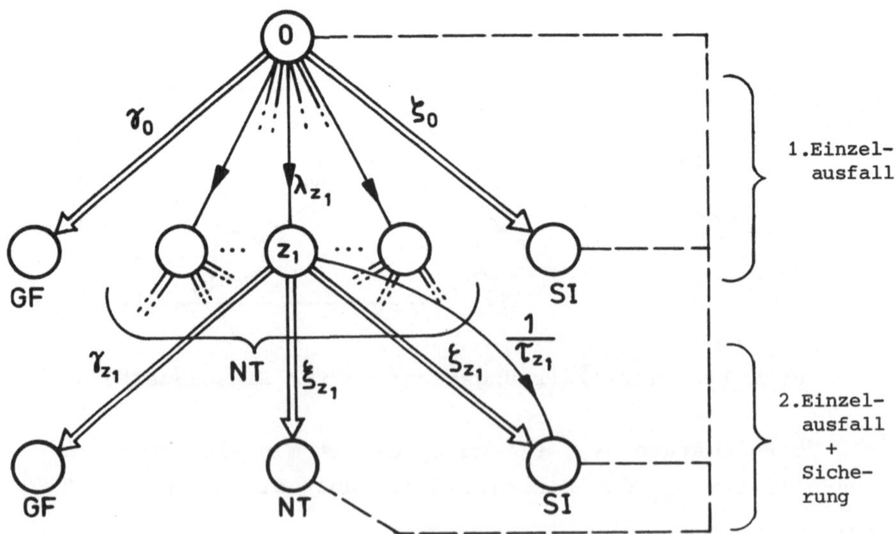

Bild 14. Ausfallwirkungs- und Sicherungsdiagramm bezüglich
Einzel- und Zweifachausfällen

Die Werte γ_0 und ζ_0 werden nach (63) berechnet. Die Übergangsraten γ_{z_1}, ξ_{z_1} und ζ_{z_1} erhält man als Summe der Ausfallraten
λ_{z_1,z_2} der zweiten Einzelausfälle über die entsprechenden
Teilmengen $Z_{GF}(z_1)$, $Z_{NT}(z_1)$ und $Z_{SI}(z_1)$, wobei z_1 als erster
Einzelausfall betrachtet wird:

$$\gamma_{z_1} = \sum_{z_2 \in Z_{GF}(z_1)} \lambda_{z_1,z_2} \quad , \quad z_1 \in Z_{NT} \tag{64}$$

$$\xi_{z_1} = \sum_{z_2 \in Z_{NT}(z_1)} \lambda_{z_1,z_2} \quad , \quad z_1 \in Z_{NT} \tag{65}$$

$$\zeta_{z_1} = \sum_{z_2 \in Z_{SI}(z_1)} \lambda_{z_1,z_2} \quad , \quad z_1 \in Z_{NT} \quad . \tag{66}$$

Falls eine operative Sicherung angewandt wurde, erscheint
bei jedem erkennbaren Einzelausfall z_1 ein zusätzlicher Übergang in einen Zustand der vorgesehenen Sicherung, der der
Ausfallwirkung SI gleichgestellt werden kann. Die <u>Übergangs-
zeit</u> kann von diesem Einzelausfall z_1 abhängig sein. Sie sei
deshalb mit z_1 indiziert. Wird nun angenommen, daß diese
Werte für jeden Einzelausfall z_1 negativ exponential verteilt sind, so kann man diesem Übergang eine konstante <u>Über-
gangsrate</u> $\frac{1}{\tau_{z_1}}$ zuordnen (Bild 14).
Die Übergangsraten ζ_{z_1} und $\frac{1}{\tau_{z_1}}$ kann man zusammenfassen und
mit σ_{z_1} bezeichnen:

$$\sigma_{z_1} = \zeta_{z_1} + \frac{1}{\tau_{z_1}} \quad . \tag{67}$$

σ_{z_1} stellt die Übergangsrate für den Übergang in die Ausfall-
wirkungsart SI dar. Diese Übergangsrate wird deshalb im folgenden als <u>Sicherungsrate</u> bezeichnet.
Um die nachstehenden Formeln zur Berechnung der Sicherheitsfunktion und der Sicherheitskennwerte einfacher darstellen
zu können, sei die Summe aller der Übergangsraten, die das
<u>Verlassen</u> des Zustandes z_1 kennzeichnen, mit ν_{z_1} bezeichnet:

$$\nu_{z_1} = \gamma_{z_1} + \xi_{z_1} + \zeta_{z_1} + \frac{1}{\tau_{z_1}}$$

$$= \gamma_{z_1} + \xi_{z_1} + \sigma_{z_1} \qquad . \qquad (68)$$

Einzel- und Mehrfachausfälle

Bei der Betrachtung von Einzel- und Mehrfachausfällen erhält
man das Diagramm nach Bild 15. Ähnlich wie bei Zweifachausfällen wird für jeden Einzelausfall der Teilmenge Z_{NT} das
Auftreten eines weiteren Einzelausfalls betrachtet.

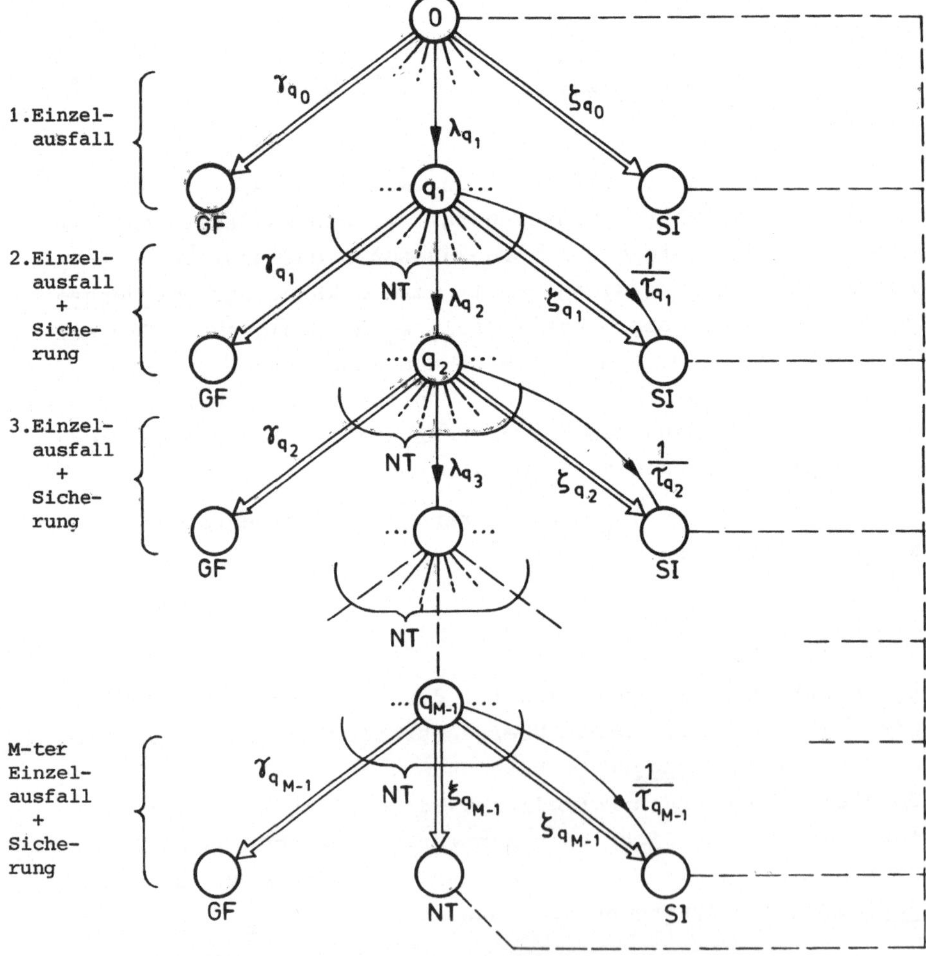

Bild 15. Ausfallwirkungs- und Sicherungsdiagramm bezüglich
Einzel- und Mehrfachausfällen

Die Berechnung der Übergangsraten γ_{q_O}, ζ_{q_O}, γ_{q_1} und ζ_{q_1} erfolgt ebenfalls nach (63) bis (66). Es handelt sich um die Bezeichnungen derselben Einzelausfälle in der Darstellung nach (17) bis (19). Die Formeln (64) bis (66) lassen sich bezüglich q_{N-1} wie folgt umschreiben:

$$\gamma_{q_{N-1}} = \sum_{z_N \in Z_{GF}(q_{N-1})} \lambda_{q_N} \quad , \qquad N = 1,2,\ldots M \qquad (69)$$

$$\zeta_{q_{N-1}} = \sum_{z_N \in Z_{SI}(q_{N-1})} \lambda_{q_N} \quad , \qquad N = 1,2\ldots M \qquad (70)$$

und

$$\xi_{q_{N-1}} = \sum_{z_N \in Z_{NT}(q_{N-1})} \lambda_{q_N} \quad , \qquad N = 1,2\ldots M \quad , \qquad (71)$$

wobei

$Z_{GF}(q_O)$, $Z_{SI}(q_O)$ und $Z_{NT}(q_O)$ die Mengen Z_{GF}, Z_{SI} und Z_{NT} bei der Betrachtung des ersten Einzelausfalls darstellen.
Die in (67) eingeführte Sicherungsrate hat die Form:

$$\sigma_{q_{N-1}} = \zeta_{q_{N-1}} + \frac{1}{\tau_{q_{N-1}}} \quad , \qquad N = 1,2\ldots M \quad . \qquad (72)$$

Ähnlich kann auch (68) bezüglich q_{N-1} umgeschrieben werden:

$$\nu_{q_{N-1}} = \gamma_{q_{N-1}} + \xi_{q_{N-1}} + \zeta_{q_{N-1}} + \frac{1}{\tau_{q_{N-1}}} \quad , \; N = 1,2\ldots M. \quad (73)$$

4.2.3 Die Berechnungsmethode

In der Definition der Sicherheitsfunktion (2) entspricht die Betriebszeit T_3 der Zeitdauer von Beginn der Beanspruchung bis zur ersten gefährlichen Änderung der Funktion des Steuerungssystems. Sie enspricht also nach Abschnitt 4.1.5 einer Zeitdauer, bis der erste Einzel- bzw. Mehrfachausfall mit der sog. GF-Ausfallwirkung auftritt. Damit diese Auswirkung eintreten kann, muß das Steuerungssystem wieder in den ausfallfreien Zustand gebracht werden (Zustand O in den Bildern 13, 14 und 15), falls eine andere Auswirkung eingetreten ist und kein weiterer Einzelausfall mehr betrachtet wird. In den Bildern 13, 14 und 15 sind es jeweils alle SI-Ausfallwirkungen und für die M-fach-Ausfälle auch die NT-Ausfallwirkung. Die Überführungen in den Zustand 0 sind mit <u>gestrichelter Linie</u> gezeichnet. Die Überführungszeit wird nicht als Betriebszeit betrachtet und geht daher in die Berechnung der Sicherheitsfunktion nicht ein.

Ist z.B. M = 1, d.h. werden nur Einzelausfälle betrachtet (Bild 13), so bezieht sich die errechnete Sicherheitsfunktion nur auf Einzelausfälle.

Um die Sicherheitsfunktion exakt zu berechnen, müßte M so groß gewählt werden, daß kein M-fach-Ausfall mit NT-Ausfallwirkung auftreten kann (M = N_{max} ist stets kleiner als die Zahl sämtlicher Einzelausfälle). Da aber die Wahrscheinlichkeit des M-fach-Ausfalls mit wachsendem M stark abnimmt, reicht es in der Praxis, nur kleine Werte von M (z.B. M = 3) zu berücksichtigen.

Für die Berechnung der Wahrscheinlichkeit eines beliebigen Zustandes im Ausfalldiagramm kann man die Methode der Markow-Ketten anwenden. Um die Gefahrenfunktion G(t) und damit die Sicherheitsfunktion S(t) nach dieser Methode berechnen zu können, werden die durch gestrichelte Linien verbundenen Zustände zusammengefaßt und als ein Zustand betrachtet. Dieser Zustand ist zugleich der Anfangszustand zum Zeitpunkt t = 0. Faßt man die Einzel- und Mehrfachausfälle mit der GF-Ausfallwirkung in einen Zustand zusammen, der einen absorbierenden Zustand darstellt, so entspricht die Wahrscheinlichkeit, daß dieser absorbierende Zustand im Zeitintervall < 0,t > im System auftritt, der Gefahrenfunktion G(t) zum Zeitpunkt t.

Durch Komplementbildung ergibt sich aus G(t) entsprechend (2) die Sicherheitsfunktion S(t).

4.2.4 <u>Die Sicherheitsfunktion bezüglich Einzelausfällen</u>

Werden die mit gestrichelten Linien gekennzeichneten Zustände in Bild 13 zusammengefaßt, so erhält man das Diagramm von Bild 16.

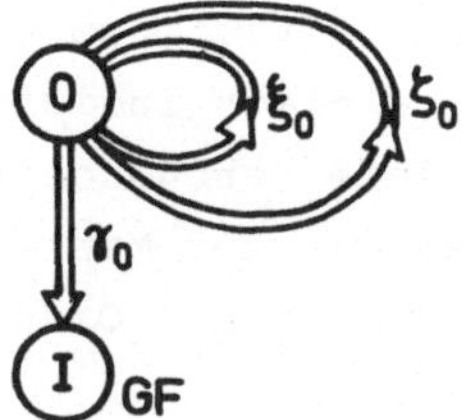

Bild 16. Diagramm für die
Berechnung der Sicherheitsfunktion bezüglich Einzelausfällen

Die Wahrscheinlichkeit G(t) ergibt sich direkt aus Bild 16
entsprechend [29] zu:

$$G(t) = 1 - e^{-\gamma_0 t} \quad . \tag{74}$$

Die Sicherheitsfunktion bezüglich Einzelausfällen ist

$$S(t) = e^{-\gamma_0 t} \quad . \tag{75}$$

4.2.5 Die Sicherheitsfunktion bezüglich Einzel- und Zweifach-ausfällen

Faßt man in Bild 14 einerseits die Zustände mit GF-Ausfallwirkung und andererseits die mit gestrichelten Linien verbundenen Zustände (außer Zustand O) zusammen, erhält man das
Diagramm von Bild 17.

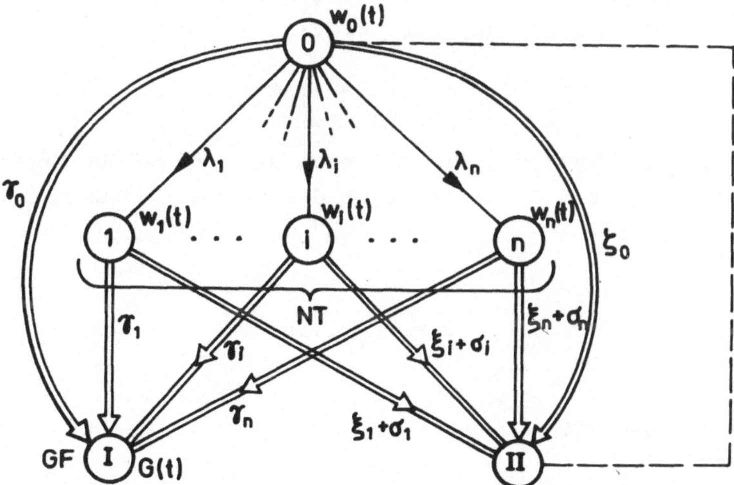

Bild 17. Diagramm für die Berechnung der Sicherheitsfunktion
bezüglich Einzel- und Zweifachausfällen

In Bild 17 wurden zur Herleitung der Formel für die Gefahrenfunktion G(t) die Übergangsraten zunächst einfach indiziert.
Faßt man nun die durch die gestrichelte Linie verbundenen Zustände O und II zusammen, so führt die Methode der Markow-
Ketten auf ein System von Differentialgleichungen 1.Ordnung
[29]:

$$
\begin{bmatrix} \dot{w}_0 \\ \dot{w}_1 \\ \vdots \\ \dot{w}_i \\ \vdots \\ \dot{w}_n \\ \dot{G} \end{bmatrix} = \begin{bmatrix} -(\gamma_0+\xi_0) & \xi_1+\sigma_1 & \cdots & \xi_i+\sigma_i & \cdots & \xi_n+\sigma_n & 0 \\ \lambda_1 & -\nu_1 & & 0 & & 0 & 0 \\ \vdots & 0 & & \vdots & & 0 & 0 \\ \lambda_i & \vdots & & -\nu_i & & \vdots & \vdots \\ \vdots & \vdots & \vdots & \vdots & \vdots & \vdots & \vdots \\ \lambda_n & 0 & & 0 & & -\nu_n & 0 \\ \gamma_0 & \gamma_1 & \cdots & \gamma_i & \cdots & \gamma_n & 0 \end{bmatrix} \cdot \begin{bmatrix} w_0 \\ w_1 \\ \vdots \\ w_i \\ \vdots \\ w_n \\ G \end{bmatrix}
\qquad (76)
$$

wobei $w_i(t)$, $i = 0,1,\ldots n$ und G(t) die Wahrscheinlichkeit darstellen, daß sich das System zur Zeit t
im Zustand $i = 0,1,\ldots n$ bzw. im Zustand I befindet.

Die Beziehungen (63) bis (68) wurden dabei an die vereinfachte
Indizierung angeglichen, z.B. gilt:

$$
\xi_0 = \sum_{i=1}^{n} \lambda_i \quad , \qquad \nu_i = \gamma_i + \xi_i + \sigma_i \quad . \qquad (77)
$$

Das Gleichungssystem (76) soll nach G(t) aufgelöst werden.
Zum Zeitpunkt t = O befinde sich das System im Zustand O.
Hieraus folgt:

$$
\begin{aligned}
w_0(0) &= 1 \\
w_i(0) &= 0 \quad , \qquad i = 1,2,\ldots n \\
G(0) &= 0
\end{aligned}
\qquad (78)
$$

Die Randbedingung

$$
\sum_{i=0}^{n} w_i(0) + G(0) = 1
$$

ist somit erfüllt.

Das Gleichungssystem (76) kann unter Berücksichtigung der An-
fangsbedingungen (78) in den Laplace-Bereich transformiert
werden. Die Laplace-Variablen werden mit Querstrich gekennzeichnet.

$$
\begin{aligned}
s\bar{w}_o - 1 &= -(\gamma_o+\xi_o)\bar{w}_o + \sum_{i=1}^{n}(\xi_i+\sigma_i)\bar{w}_i \\
s\bar{w}_1 &= \lambda_1\bar{w}_o - \nu_1\bar{w}_1 \\
&\ \ \vdots \\
s\bar{w}_i &= \lambda_i\bar{w}_o - \nu_i\bar{w}_i \\
&\ \ \vdots \\
s\bar{w}_n &= \lambda_n\bar{w}_o - \nu_n\bar{w}_n \\
s\bar{G} &= \gamma_o\bar{w}_o + \sum_{i=1}^{n}\gamma_i\bar{w}_i
\end{aligned}
\tag{79}
$$

Aus der zweiten bis vorletzten Gleichung erhält man

$$
\bar{w}_i = \frac{\lambda_i}{s+\nu_i}\,\bar{w}_o \ , \qquad i = 1,2\ldots n \quad .
\tag{80}
$$

Wird (80) in die erste Gleichung eingesetzt, so ergibt sich
unter Verwendung von (77)

$$
\bar{w}_o = \frac{1}{s+\gamma_o+\sum\limits_{i=1}^{n}\dfrac{\lambda_i(s+\gamma_i)}{s+\nu_i}} \quad .
\tag{81}
$$

Aus der letzten Gleichung des Systems (79) erhält man unter
Verwendung der Gleichungen (80) und (81) die Funktion $\bar{G}(s)$:

$$
\bar{G}(s) = \frac{1}{s}\ \frac{\gamma_o+\sum\limits_{i=1}^{n}\dfrac{\lambda_i\gamma_i}{s+\nu_i}}{s+\gamma_o+\sum\limits_{i=1}^{n}\dfrac{\lambda_i(s+\gamma_i)}{s+\nu_i}} \quad .
\tag{82}
$$

Die Sicherheitsfunktion $S(t)$ erhält man schließlich über die
Rücktransformation

$$
S(t) = 1 - \mathscr{L}^{-1}\{\bar{G}(s)\} \quad .
\tag{83}
$$

Das Ergebnis (82) kann nun bezüglich der Übergangsraten $\lambda_{z_1}, \gamma_{z_1}$
und ν_{z_1} umgeschrieben werden (Bild 14):

$$\overline{G}(s) = \frac{1}{s}\frac{\gamma_o + \sum\limits_{z_1 \in Z_{NT}} \dfrac{\lambda_{z_1}\gamma_{z_1}}{s+\nu_{z_1}}}{s+\gamma_o + \sum\limits_{z_1 \in Z_{NT}} \dfrac{\lambda_{z_1}(s+\gamma_{z_1})}{s+\nu_{z_1}}} \qquad . \tag{84}$$

Beispiel 3

Die Sicherheitsfunktion S(t) soll für das Diagramm von Bild 18 berechnet werden.

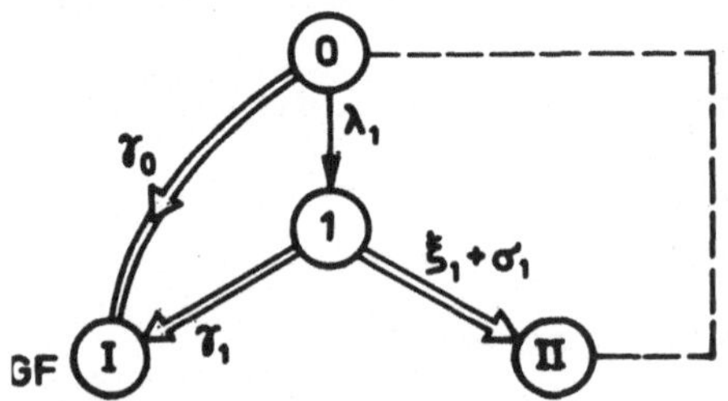

Bild 18. Beispiel eines einfachen Ausfallwirkungs- und Sicherungsdiagramms

Entsprechend (82) ist

$$\overline{G}(s) = \frac{1}{s}\frac{\gamma_o + \dfrac{\lambda_1\gamma_1}{s+\nu_1}}{s+\gamma_o + \dfrac{\lambda_1(s+\gamma_1)}{s+\nu_1}}$$

oder in der Form

$$\overline{G}(s) = \frac{1}{s}\frac{\gamma_o s + \gamma_o\nu_1 + \lambda_1\gamma_1}{s^2 + (\gamma_o+\lambda_1+\nu_1)s+\gamma_o\nu_1+\lambda_1\gamma_1}$$

mit

$$\nu_1 = \gamma_1 + \xi_1 + \sigma_1 \qquad .$$

Die Pole von $\overline{G}(s)$ sind $s_o = 0$ und

$$s_{1,2} = \frac{-(\gamma_o+\lambda_1+\nu_1) \pm \sqrt{(\gamma_o+\lambda_1+\nu_1)^2-4(\gamma_o\nu_1+\lambda_1\gamma_1)}}{2} \qquad . \tag{85}$$

Für den Fall $s_1 \neq s_2$ erhält man die Sicherheitsfunktion

$$S(t) = \frac{1}{s_1-s_2}\left[(\gamma_0+s_1)e^{s_2 t}-(\gamma_0+s_2)e^{s_1 t}\right] .$$

$$(86)$$

Da die Übergangsraten $\gamma_0, \lambda_1, \nu_1$ und γ_1 nur positive Werte annehmen, gilt stets:

$$s_1 < 0$$
$$s_2 < 0$$

$$(87)$$

4.2.6 Sicherheitsfunktion bezüglich Einzel- bis Dreifachausfällen

Ähnlich wie Bild 17 ergibt sich aus Bild 15 das Diagramm für die Berechnung der Sicherheitsfunktion S(t) bezüglich Einzel- bis Dreifachausfällen (Bild 19).

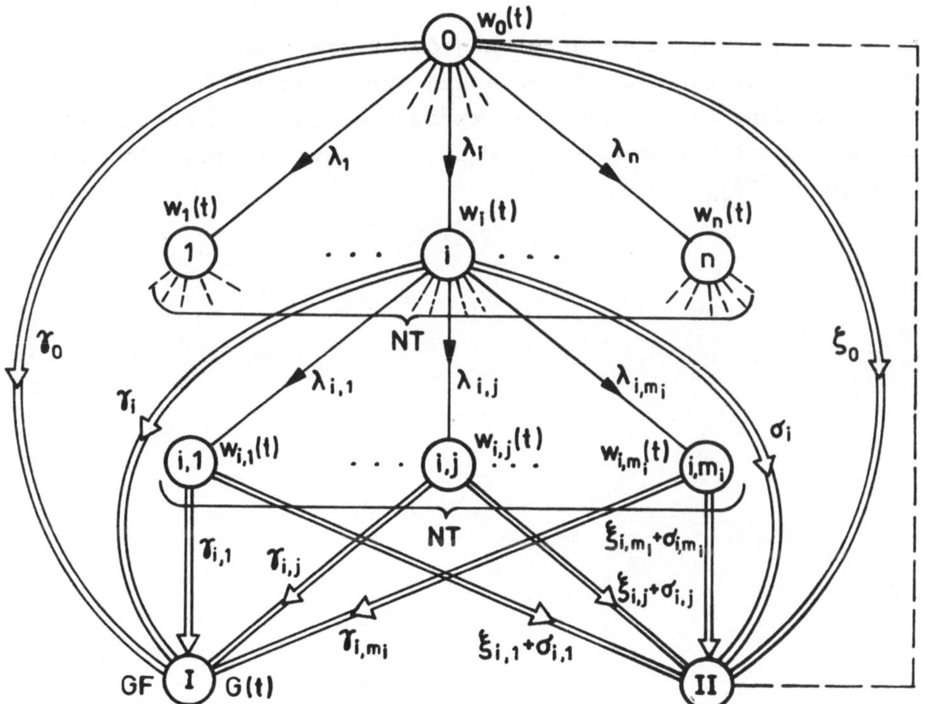

Bild 19. Diagramm für die Berechnung der Sicherheitsfunktion bezüglich Einzel- bis Dreifachausfällen

Aus (69) bis (73) erhält man für N = M = 3 folgende Beziehungen:

$$\nu_{z_1,z_2} = \gamma_{z_1,z_2} + \xi_{z_1,z_2} + \zeta_{z_1,z_2} + \frac{1}{\tau_{z_1,z_2}} \quad , \qquad (88)$$

wobei

$$\gamma_{z_1,z_2} = \sum_{z_3 \in Z_{GF}(z_1,z_2)} \lambda_{z_1,z_2,z_3} \quad , \quad z_2 \in Z_{NT}(z_1), z_1 \in Z_{NT} \quad (89)$$

$$\xi_{z_1,z_2} = \sum_{z_3 \in Z_{NT}(z_1,z_2)} \lambda_{z_1,z_2,z_3} \quad , \quad z_2 \in Z_{NT}(z_1), z_1 \in Z_{NT} \quad (90)$$

$$\zeta_{z_1,z_2} = \sum_{z_3 \in Z_{SI}(z_1,z_2)} \lambda_{z_1,z_2,z_3} \quad , \quad z_2 \in Z_{NT}(z_1), z_1 \in Z_{NT} \quad (91)$$

In Bild 19 wurden zur Herleitung der Formel für die Gefahrenfunktion G(t) die Indizes zunächst vereinfacht.
Die Anwendung der Methode der Markow-Ketten auf dieses Diagramm liefert wiederum ein System von Differentialgleichungen 1.Ordnung [29].

$$
\begin{bmatrix} \dot{w}_0 \\ \dot{w}_1 \\ \vdots \\ \dot{w}_i \\ \vdots \\ \dot{w}_n \\ \dot{w}_{11} \\ \vdots \\ \dot{w}_{1m_1} \\ \vdots \\ \dot{w}_{i1} \\ \vdots \\ \dot{w}_{ij} \\ \vdots \\ \dot{w}_{im_i} \\ \vdots \\ \dot{w}_{n1} \\ \vdots \\ \dot{w}_{nm_n} \\ \dot{G} \end{bmatrix}
=
\begin{bmatrix}
-\gamma_0-\xi_0 & \sigma_1 \cdots \sigma_i \cdots \sigma_n & \xi_{11}+\sigma_{11} \cdots \xi_{ij}+\sigma_{ij} \cdots \xi_{nm_n}+\sigma_{nm_n} & 0 \\
\lambda_1 & -\nu_1 \cdots 0 \cdots 0 & 0 \quad\cdots\quad 0 \quad\cdots\quad 0 & 0 \\
\vdots & \vdots & \vdots & \vdots \\
\lambda_i & 0 \cdots -\nu_i \cdots 0 & 0 \quad\cdots\quad 0 \quad\cdots\quad 0 & 0 \\
\vdots & \vdots & \vdots & \vdots \\
\lambda_n & 0 \cdots 0 \cdots -\nu_n & 0 \quad\cdots\quad 0 \quad\cdots\quad 0 & 0 \\
0 & \lambda_{11} \cdots 0 \cdots 0 & -\nu_{11} \cdots 0 \cdots 0 & 0 \\
\vdots & \vdots & \vdots & \vdots \\
0 & \lambda_{1m_1} \cdots 0 \cdots 0 & 0 \quad\cdots\quad 0 \quad\cdots\quad 0 & 0 \\
\vdots & \vdots & \vdots & \vdots \\
0 & 0 \cdots \lambda_{i1} \cdots 0 & 0 \quad\cdots\quad 0 \quad\cdots\quad 0 & 0 \\
\vdots & \vdots & \vdots & \vdots \\
0 & 0 \cdots \lambda_{ij} \cdots 0 & 0 \quad\cdots -\nu_{ij} \cdots 0 & 0 \\
\vdots & \vdots & \vdots & \vdots \\
0 & 0 \cdots \lambda_{im_i} \cdots 0 & 0 \quad\cdots\quad 0 \quad\cdots\quad 0 & 0 \\
\vdots & \vdots & \vdots & \vdots \\
0 & 0 \cdots 0 \cdots \lambda_{n1} & 0 \quad\cdots\quad 0 \quad\cdots\quad 0 & 0 \\
\vdots & \vdots & \vdots & \vdots \\
0 & 0 \cdots 0 \cdots \lambda_{nm_n} & 0 \quad\cdots\quad 0 \cdots -\nu_{nm_n} & 0 \\
\gamma_0 & \gamma_1 \cdots \gamma_i \cdots \gamma_n & \gamma_{11} \cdots \gamma_{ij} \cdots \gamma_{nm_n} & 0
\end{bmatrix}
\cdot
\begin{bmatrix} w_0 \\ w_1 \\ \vdots \\ w_i \\ \vdots \\ w_n \\ w_{11} \\ \vdots \\ w_{1m_1} \\ \vdots \\ w_{i1} \\ \vdots \\ w_{ij} \\ \vdots \\ w_{im_i} \\ \vdots \\ w_{n1} \\ \vdots \\ w_{nm_n} \\ G \end{bmatrix}
$$

$$\tag{92}$$

wobei bezüglich der vereinfachten Indizierung gilt:

$$
\xi_0 = \sum_{i=1}^{n} \lambda_i \quad , \quad \xi_i = \sum_{j=1}^{m_i} \lambda_{i,j} \quad , \quad i = 1,\ldots n
$$
$$
\nu_i = \gamma_i + \xi_i + \sigma_i \qquad\qquad , \quad i = 1,2\ldots n \quad . \tag{93}
$$

$w_0(t)$, $w_i(t)$, $w_{i,j}(t)$, $\quad i = 1,\ldots n$, $j = i,\ldots m_i$ und $G(t)$ stellen die Wahrscheinlichkeiten dar, daß sich das System im Zustand 0, i, i,j bzw. I zur Zeit t befindet.

Das System befinde sich zum Zeitpunkt t = 0 im Zustand 0:

$$
\begin{aligned}
w_0(0) &= 1 \\
w_i(0) &= 0 , && i = 1,\ldots n \\
w_{i,j}(0) &= 0 , && i = 1,\ldots n , j = 1\ldots m_i \\
G(0) &= 0 .
\end{aligned}
\tag{94}
$$

Das Gleichungssystem (92) kann in den Laplace-Bereich transformiert werden:

$$
s\bar{w}_0 - 1 = -(\gamma_0+\xi_0)\bar{w}_0 + \sum_{i=1}^{n} \sigma_i\bar{w}_i + \sum_{i=1}^{n}\sum_{j=1}^{m_i} (\xi_{i,j}+\sigma_{i,j})\bar{w}_{i,j}
\tag{95}
$$

$$
s\bar{w}_i = \lambda_i\bar{w}_0 - \nu_i\bar{w}_i , \qquad i = 1,2\ldots n
\tag{96}
$$

$$
s\bar{w}_{i,j} = \lambda_{i,j}\bar{w}_i - \nu_{i,j}\bar{w}_{i,j} , \qquad \begin{aligned} i &= 1\ldots n \\ j &= 1\ldots m_i \end{aligned}
\tag{97}
$$

$$
s\cdot\bar{G} = \gamma_0\bar{w}_0 + \sum_{i=1}^{n}\gamma_i\bar{w}_i + \sum_{i=1}^{n}\sum_{j=1}^{m_i} \gamma_{i,j}\bar{w}_{i,j} .
\tag{98}
$$

Aus (96) ergibt sich:

$$
\bar{w}_i = \frac{\lambda_i}{s+\nu_i} \bar{w}_0 , \qquad i = 1,2,\ldots n
\tag{99}
$$

Aus (97) erhält man

$$
\bar{w}_{i,j} = \frac{\lambda_{i,j}}{s+\nu_{i,j}} \bar{w}_i , \qquad \begin{aligned} i &= 1,2,\ldots n \\ j &= 1\ldots m_i \end{aligned}
\tag{100}
$$

Aus (95) ergibt sich unter Verwendung von (93),(99) und (100) nach einer Umformung:

$$
\bar{w}_0 = \frac{1}{s+\gamma_0+\sum_{i=1}^{n}\frac{\lambda_i}{s+\nu_i}\left[s+\gamma_i+\sum_{j=1}^{m_i}\frac{\lambda_{i,j}(s+\gamma_{i,j})}{s+\nu_{i,j}}\right]}
\tag{101}
$$

Aus (98) erhält man unter Verwendung von (99),(100) und (101) nach kurzer Umformung:

$$\overline{G}(s) = \frac{1}{s} \cdot \frac{\gamma_0 + \sum\limits_{i=1}^{n} \dfrac{\lambda_i}{s+\nu_i}\left[\gamma_i + \sum\limits_{j=1}^{m_i} \dfrac{\lambda_{i,j}\gamma_{i,j}}{s+\nu_{i,j}}\right]}{s+\gamma_0 + \sum\limits_{i=1}^{n} \dfrac{\lambda_i}{s+\nu_i}\left[s+\gamma_i + \sum\limits_{j=1}^{m_i} \dfrac{\lambda_{i,j}(s+\gamma_{i,j})}{s+\nu_{i,j}}\right]} \qquad (102)$$

Die Sicherheitsfunktion $S(t)$ kann man schließlich über die Rücktransformation nach (83) berechnen.

Das Ergebnis (102) kann jetzt bezüglich der Indizierung nach z_1 und z_2 umgeschrieben werden:

$$\overline{G}(s) = \frac{1}{s} \cdot \frac{\gamma_0 + \sum\limits_{z_1 \in Z_{NT}} \dfrac{\lambda_{z_1}}{s+\nu_{z_1}}\left[\gamma_{z_1} + \sum\limits_{z_2 \in Z_{NT}(z_1)} \dfrac{\lambda_{z_1,z_2}\gamma_{z_1,z_2}}{s+\nu_{z_1,z_2}}\right]}{s+\gamma_0 + \sum\limits_{z_1 \in Z_{NT}} \dfrac{\lambda_{z_1}}{s+\nu_{z_1}}\left[s+\gamma_{z_1} + \sum\limits_{z_2 \in Z_{NT}(z_1)} \dfrac{\lambda_{z_1,z_2}(s+\gamma_{z_1,z_2})}{s+\nu_{z_1,z_2}}\right]}$$

$$(103)$$

Beispiel 4

Die Sicherheitsfunktion $S(t)$ soll für das Diagramm nach Bild 20 berechnet werden. Aus (102) ist entsprechend diesem Diagramm

$$\overline{G}(s) = \frac{1}{s} \cdot \frac{\dfrac{\lambda_1}{s+\nu_1} \cdot \dfrac{\lambda_{1,1}\gamma_{1,1}}{s+\nu_{1,1}}}{s + \dfrac{\lambda_1}{s+\nu_1}\left[s + \dfrac{\lambda_{1,1}(s+\gamma_{1,1})}{s+\nu_{1,1}}\right]}$$

wobei gilt:

$$\nu_1 = \lambda_{1,1} + \sigma_1$$
$$\nu_{1,1} = \gamma_{1,1} + \xi_{1,1} + \sigma_{1,1} \quad .$$

Nach kurzer Umformung erhält man:

$$\overline{G}(s) = \frac{1}{s} \cdot \frac{\lambda_1 \cdot \lambda_{1,1} \cdot \gamma_{1,1}}{s^3 + (\lambda_1 + \nu_1 + \nu_{1,1})s^2 + \left[(\lambda_1 + \nu_1)\nu_{1,1} + \lambda_1\lambda_{1,1}\right]s + \lambda_1\lambda_{1,1}\gamma_{1,1}} \qquad (104)$$

Die Sicherheitsfunktion $S(t)$ kann man schließlich über die Rücktransformation und Komplementbildung nach (83) berechnen.

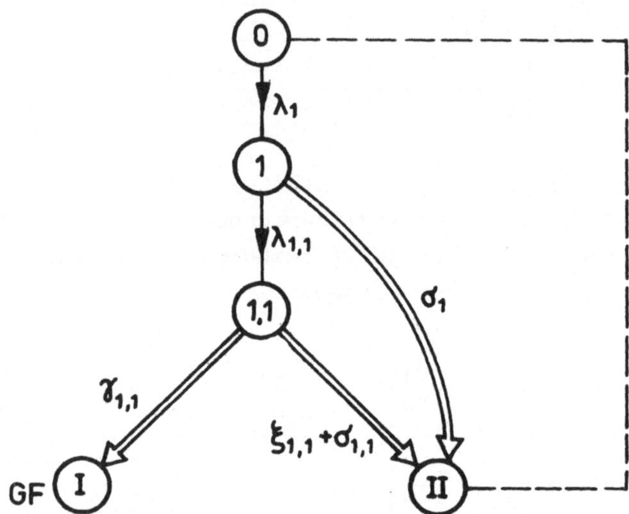

Bild 20. Beispiel eines einfachen Ausfallwirkungs- und Sicherungsdiagramms bezüglich Einzel- bis Dreifachausfällen

4.2.7 Die Sicherheitsfunktion bezüglich Einzel- und Mehrfachausfällen

Für Mehrfachausfälle mit $M > 3$ kann die Sicherheitsfunktion ähnlich wie im vorigen Abschnitt hergeleitet werden. In Abschnitt 4.3 wird gezeigt, wie die Sicherheitskennwerte auch ohne die Berechnung von Sicherheitsfunktionen ermittelt werden können. Deshalb wird $S(t)$ für $M > 3$ nicht weiter behandelt.

4.2.8 Anwendungsbeispiele

Beispiel 5

Die Sicherheitsfunktion $S(t)$ bezüglich Einzel- bis Zweifachausfällen soll für die Schaltung in Bild 10 berechnet werden.

Einzelausfälle

Aus (63) erhält man entsprechend (47):

$$\gamma_0 = \lambda_2 + \lambda_4 + \lambda_6 + \lambda_8 + \lambda_{11} + \lambda_{12} + \lambda_{13} + \lambda_{16} + \lambda_{17} + \lambda_{20} \quad . \tag{105}$$

Nach Einsetzen der Werte r_i, $i = 1,\ldots.8$ aus Tab. 4 ergibt sich für die entsprechenden Ausfallarten der Tab. 5:

$$\gamma_0 = r_2 + r_4 + r_2 + r_4 + r_7 + r_8 + r_8 + r_7 + r_8 + r_7 = 4{,}06 \cdot 10^{-8} \text{ h}^{-1} \quad . \tag{106}$$

Die Sicherheitsfunktion $S(t)$ bezüglich Einzelausfällen ist durch (75) gegeben:

$$S(t) = e^{-\gamma_0 t} \quad .$$

Einzel- und Zweifachausfälle

Aus (64), (65) und (66) erhält man für dasselbe Beispiel entsprechend $Z_{GF}(z_1)$ und $Z_{VF}(z_1)$ aus (50) die Werte γ_{z_1} und $\xi_{z_1} + \zeta_{z_1}$ für z_1 aus (49):

$$\gamma_9 = \lambda_{9,2} + \lambda_{9,4} + \lambda_{9,11} + \lambda_{9,12} + \lambda_{9,13} + \lambda_{9,17} + \lambda_{9,20}$$

$$\gamma_{10} = \lambda_{10,17} + \lambda_{10,20}$$

$$\gamma_{14} = \lambda_{14,6} + \lambda_{14,8} + \lambda_{14,12} + \lambda_{14,13} + \lambda_{14,16} + \lambda_{14,17} + \lambda_{14,20}$$

$$\gamma_{15} = \lambda_{15,13} + \lambda_{15,20}$$

$$\gamma_{19} = 0 \tag{107}$$

$$\xi_9 + \zeta_9 = \lambda_{9,1} + \lambda_{9,3} + \lambda_{9,5} + \lambda_{9,6} + \lambda_{9,7} + \lambda_{9,8} + \lambda_{9,10}$$
$$+ \lambda_{9,14} + \lambda_{9,15} + \lambda_{9,16} + \lambda_{9,18} + \lambda_{9,19}$$

$$\xi_{10} + \zeta_{10} = \sum_{j=1}^{9} \lambda_{10,j} + \sum_{j=11}^{16} \lambda_{10,j} + \lambda_{10,18} + \lambda_{10,19}$$

$$\xi_{14} + \zeta_{14} = \sum_{j=1}^{5} \lambda_{14,j} + \lambda_{14,7} + \lambda_{14,9} + \lambda_{14,10} + \lambda_{14,11} + \lambda_{14,15} +$$
$$+ \lambda_{14,18} + \lambda_{14,19}$$

$$\xi_{15} + \zeta_{15} = \sum_{j=1}^{12} \lambda_{15,j} + \lambda_{15,14} + \sum_{j=16}^{19} \lambda_{15,j}$$

$$\sum_{j=1}^{18} \lambda_{19,j} + \lambda_{19,20} \quad .$$

- 68 -

Werden der Einfachheit halber die sprunghaften Änderungen der
Ausfallraten nicht berücksichtigt, d.h. gilt (62)

$$\lambda_{q_2} = \lambda_{z_1, z_2} = \lambda_{z_2} \quad ,$$

so erhält man nach Einsetzen der Werte r_i, $i = 1 \ldots 8$ aus der
Tab. 4 für die obigen Übergangsraten

$$\gamma_9 = r_2 + r_4 + 2r_7 + 3r_8 \qquad = 2{,}05 \cdot 10^{-8} \ h^{-1}$$
$$\gamma_{10} = r_7 + r_8 \qquad = 2 \cdot 10^{-10} \ h^{-1}$$
$$\gamma_{14} = r_2 + r_4 + 2r_7 + 3r_8 \qquad = 2{,}05 \cdot 10^{-8} \ h^{-1}$$
$$\gamma_{15} = r_7 + r_8 \qquad = 2 \cdot 10^{-10} \ h^{-1}$$
$$\gamma_{19} = 0 \qquad = 0$$
$$\xi_9 + \zeta_9 = 2(r_1 + r_3 + r_5) + r_2 + r_4 + 3r_6 + r_7 \qquad = 42{,}24 \cdot 10^{-8} \ h^{-1}$$
$$\xi_{10} + \zeta_{10} = 2(r_1 + r_2 + r_3 + r_4 + r_6 + r_7 + r_8) + 3r_5 \qquad = 44{,}36 \cdot 10^{-8} \ h^{-1}$$
$$\xi_{14} + \zeta_{14} = 2(r_1 + r_3 + r_5) + r_2 + r_4 + 3r_6 + r_7 \qquad = 42{,}24 \cdot 10^{-8} \ h^{-1}$$
$$\xi_{15} + \zeta_{15} = 2(r_1 + r_2 + r_3 + r_4 + r_6 + r_7 + r_8) + 3r_5 \qquad = 44{,}36 \cdot 10^{-8} \ h^{-1}$$
$$\xi_{19} + \zeta_{19} = 2(r_1 + r_2 + r_3 + r_4 + r_6) + 3(r_5 + r_7 + r_8) \qquad = 44{,}38 \cdot 10^{-8} \ h^{-1}$$

$$(108)$$

Für die mittleren Zeiten τ_{z_1}, $z_1 \in Z_{NT}$, seien folgende Werte
angenommen:

$$\tau_{z_1} = \begin{cases} 100 \ ms \ , & \text{für } z_1 = 9{,}14 \\ 1 \ h \ , & \text{für } z_1 = 10{,}15{,}19 \end{cases} \qquad (109)$$

Diese Zeiten bedeuten:

100 ms   Die mittlere Zeit des Abfalls eines Relais;

1 h   Die mittlere Zeit, die nach dem Auftreten des Einzelausfalls vergeht, bis diejenige Kombination von Eingangswerten auftritt, für die ein Kurzschluß eine Funktionsänderung, z.B. über eine Schmelzsicherung bewirkt
(s. Tab. 5, Spalte Bemerkung für z = 10, 15 und 19).

Die sich daraus ergebende Übergangsrate beträgt:

$$\frac{1}{\tau_{z_1}} = \begin{cases} 3{,}6 \cdot 10^4 \ h^{-1} \ , & \text{für } z_1 = 9{,}14 \\ 1 \qquad h^{-1} \ , & \text{für } z_1 = 10{,}15{,}19 \end{cases} \qquad (110)$$

Die Übergangsraten ν_{z_1}, $z_1 \in Z_{NT}$ aus (49) können nun nach (68) berechnet werden.

Die Sicherheitsfunktion $\overline{S}(s)$ im Laplace-Bereich folgt aus (83) und (84)

$$\overline{S}(s) = \frac{1}{s} \left[1 - \frac{\gamma_o + \sum\limits_{z_1 \in Z_{NT}} \dfrac{\lambda_{z_1}\gamma_{z_1}}{s+\nu_{z_1}}}{s+\gamma_o + \sum\limits_{z_1 \in Z_{NT}} \dfrac{\lambda_{z_1}(s+\gamma_{z_1})}{s+\nu_{z_1}}} \right] \quad , \tag{111}$$

wobei

$Z_{NT} = \{9,10,14,15,19\}$ aus (49) und $\gamma_o = 4,06 \cdot 10^{-8}\ h^{-1}$ aus (106) eingesetzt wird.

Beispiel 6

Die Sicherheitsfunktion $S(t)$ bezüglich Einzel- bis Zweifachausfällen soll für die Schaltung nach Bild 11 berechnet werden.

Einzelausfälle

Aus (63) erhält man entsprechend (60):

$$\gamma_o = \lambda_{78} \quad .$$

Nach Einsetzen der Werte r_i, $i = 1,\dots 8$ aus Tab. 4 ist

$$\gamma_o = r_7 = 10^{-10}\ h^{-1} \quad . \tag{112}$$

Die Sicherheitsfunktion $S(t)$ bezüglich Einzelausfällen ist dann durch (75) bestimmt.

$$S(t) = e^{-\gamma_o t} \quad .$$

Einzel- und Zweifachausfälle

Um die Sicherheitsfunktion bezüglich Einzel- und Zweifachausfällen zu berechnen, muß man für alle Einzelausfälle $z \in Z^*_{NT}$ aus (60) das Auftreten der zweiten Einzelausfälle berücksichtigen und die Ausfallwirkungen feststellen.

Aus Aufwandsgründen (ca. 73×76 = 5548 mögliche Zweifachausfälle sind zu berücksichtigen) wird auf die exakte Berechnung
dieser Funktion verzichtet.
Mit Abschätzverfahren, die in Kapitel 4.4 behandelt werden,
ist es jedoch möglich, die Sicherheitskennwerte zu schätzen,
ohne daß dabei S(t) als bekannt vorausgesetzt werden muß.

4.3 Berechnung der Sicherheitskenngrößen

4.3.1 Berechnung der mittleren Zeit MTDF

4.3.1.1 Berechnung der MTDF im Zeitbereich

Ist die Sicherheitsfunktion S(t) im Zeitbereich bekannt, so
läßt sich die mittlere Zeit MTDF, definiert in Abschnitt 2.3,
aus (3) und (4) berechnen. Die MTDF stellt also die Zeit dar
vom Beanspruchungsbeginn bis zum Zeitpunkt, zu dem die Funktion des Steuerungssystems zum ersten Mal gefährlich verändert wird.

Einzelausfälle

Die mittlere Zeit MTDF bezüglich Einzelausfällen ergibt sich
aus (75) zu

$$\text{MTDF} = \int_0^\infty S(t)\,dt = \int_0^\infty e^{-\gamma_0 t}\,dt = \frac{1}{\gamma_0} \quad , \qquad \gamma_0 > 0 \quad . \tag{113}$$

Einzel- und Zweifachausfälle

Die Sicherheitsfunktion S(t) bezüglich Einzel- und Zweifachausfällen ist durch (83) gegeben. Da aber zur Rücktransformation der Gefahrenfunktion $\overline{G}(s)$ aus (82) bzw. (84) in den Zeitbereich (n+1) Pole zu berechnen sind, ist die Herleitung der
Formel für die Berechnung der mittleren Zeit MTDF nur für
$n \leq 2$ analytisch durchführbar.

In Beispiel 3 (Abschnitt 4.2.5) ist n = 1. Die Zeit MTDF kann
wie folgt hergeleitet werden. Entsprechend (86) erhält man:

$$MTDF = \int_0^\infty S(t)\,dt = \int_0^\infty \frac{1}{s_1-s_2}\left[(\gamma_0+s_1)e^{s_2 t}-(\gamma_0+s_2)e^{s_1 t}\right]dt \quad .$$

Da die Werte s_1 und s_2 nach (87) negativ sind, ergibt sich das Integral zu:

$$MTDF = \frac{-(s_1+s_2)-\gamma_0}{s_1 s_2} \quad .$$

Nach den Vietaschen Wurzelsätzen gilt für s_1 und s_2 aus (85):

$$s_1 + s_2 = -(\gamma_0 + \lambda_1 + \nu_1)$$

$$s_1 s_2 = \gamma_0 \nu_1 + \lambda_1 \gamma_1 \quad .$$

Nach Einsetzen dieser Werte ergibt sich die Zeit MTDF zu:

$$MTDF = \frac{\lambda_1+\nu_1}{\gamma_0\nu_1+\lambda_1\gamma_1} \quad . \tag{114}$$

4.3.1.2 Berechnung der MTDF im Laplace-Bereich

Die mittlere Zeit MTDF kann auch, wie im weiteren gezeigt wird, aus der Funktion $\overline{G}(s)$ im Laplace-Bereich berechnet werden. Führt man eine Funktion $f(t)$ ein als

$$f(t) = \int_0^t S(t)\,dt = \int_0^t [1-G(t)]\,dt \quad , \tag{115}$$

so läßt sich die MTDF als Grenzwert darstellen:

$$MTDF = \lim_{t\to\infty} f(t) \quad . \tag{116}$$

Die Funktion (115) hat im Laplace-Bereich die Form

$$\overline{f}(s) = \frac{1}{s}\left[\frac{1}{s} - \overline{G}(s)\right] \quad . \tag{117}$$

Entsprechend dem Grenzwertsatz

$$\lim_{t\to\infty} f(t) = \lim_{s\to 0}\left[s\cdot\overline{f}(s)\right] \tag{118}$$

erhält man aus (116) und (117) die Formel:

$$\text{MTDF} = \lim_{s \to 0}\left[\frac{1}{s} - \overline{G}(s)\right] \quad = \quad \lim_{s \to 0} \overline{S}(s) \qquad (119)$$

Einzelausfälle

Die Berechnung der MTDF bezüglich Einzelausfällen wurde oben abgeleitet, sie ist im Laplace-Bereich ebenfalls leicht durchzuführen.

Einzel- und Zweifachausfälle

Die mittlere Zeit MTDF bezüglich Einzel- und Zweifachausfällen ergibt sich aus der Funktion $\overline{G}(s)$ in (82) mittels der Formel (119) nach einer Umformung zu:

$$\text{MTDF} = \frac{1 + \sum_{i=1}^{n} \dfrac{\lambda_i}{\nu_i}}{\gamma_o + \sum_{i=1}^{n} \dfrac{\lambda_i \gamma_i}{\nu_i}} \; . \qquad (120)$$

Wird von (84) ausgegangen, erhält man die mittlere Zeit MTDF bezüglich z_1:

$$\text{MTDF} = \frac{1 + \sum_{z_1 \in Z_{NT}} \dfrac{\lambda_{z_1}}{\nu_{z_1}}}{\gamma_o + \sum_{z_1 \in Z_{NT}} \dfrac{\lambda_{z_1} \gamma_{z_1}}{\nu_{z_1}}} \; . \qquad (121)$$

Einzel- und Mehrfachausfälle

Die mittlere Zeit MTDF kann nach diesem Verfahren auch bezüglich Einzel- und Mehrfachausfällen (M > 2) errechnet werden. Für M = 3 ergibt sich aus (102) nach kurzer Umformung die Formel zu:

$$\text{MTDF} = \frac{1 + \sum_{i=1}^{n} \dfrac{\lambda_i}{\nu_i}\left(1 + \sum_{j=1}^{m_i} \dfrac{\lambda_{i,j}}{\nu_{i,j}}\right)}{\gamma_o + \sum_{i=1}^{n} \dfrac{\lambda_i}{\nu_i}\left(\gamma_i + \sum_{j=1}^{m_i} \dfrac{\lambda_{i,j}\gamma_{i,j}}{\nu_{i,j}}\right)} \qquad (122)$$

Diese Formel kann ebenfalls bezüglich z_1 umgeschrieben werden.

<u>Beispiel 7</u>

Für das Diagramm nach Bild 18 kann die mittlere Zeit MTDF
direkt aus (120) bestimmt werden:

$$MTDF = \frac{1 + \dfrac{\lambda_1}{\nu_1}}{\gamma_o + \dfrac{\lambda_1 \gamma_1}{\nu_1}} \quad .$$

Das Ergebnis stimmt mit (114) überein.

<u>4.3.1.3 Berechnung der MTDF direkt aus den Übergangsraten</u>

<u>Das Verfahren</u>

In diesem Abschnitt wird gezeigt, wie man direkt aus dem Aus-
fallwirkungs- und Sicherungsdiagramm (Bild 15) die mittlere
Zeit MTDF berechnen kann.

Bezeichnet man mit MTBS (<u>M</u>ean <u>T</u>ime of <u>B</u>eing in a <u>S</u>tate)

als mittlere Verweilzeit in einem Zustand, so gilt für einen
beliebigen Zustand, der durch einen Mehrfachausfall q_{N-1} bestimmt ist (Bild 15):

$$MTBS_{q_{N-1}} = \frac{1}{\nu_{q_{N-1}}} \quad , \qquad N = 1,2\ldots M \quad , \tag{123}$$

wobei man $\nu_{q_{N-1}}$ aus (73) erhält.

Bezeichnet man die bedingte Wahrscheinlichkeit, daß das System
vom Zustand q_{N-1} in den Zustand q_N übergeht, mit p_{q_N} auch
als Übergangswahrscheinlichkeit, so kann man sie folgendermaßen
darstellen:

$$p_{q_N} = \frac{\lambda_{q_N}}{\nu_{q_{N-1}}} \quad , \qquad N = 1,2\ldots M \quad . \tag{124}$$

Die Wahrscheinlichkeit w_{q_N}, daß das System vom Zustand O in einen Zustand übergeht, der durch q_N bestimmt ist (die Wahrscheinlichkeit des N-fach-Ausfalls q_N) ergibt sich zu:

$$w_{q_N} = p_{q_1} \cdot p_{q_2} \cdots p_{q_N} \quad , \tag{125}$$

oder in der rekursiven Form:

$$w_{q_N} = w_{q_{N-1}} \cdot p_{q_N} \quad . \tag{126}$$

Die Wahrscheinlichkeit w, daß das System vom Zustand O in einen solchen Zustand übergeht, der durch GF-Ausfallwirkung gekennzeichnet ist (s. Bild 15), ergibt sich als Summe aller Wahrscheinlichkeiten w_{q_N}, für die der Einzel- bzw. Mehrfachausfall q_N, N = 1,2....M eine GF-Ausfallwirkung hat:

$$w = \sum_{N=1}^{M} \sum_{z_1 \epsilon Z_{NT}} \cdots\cdots \sum_{z_{N-1} \epsilon Z_{NT}(q_{N-2})} \sum_{z_N \epsilon Z_{GF}(q_{N-1})} w_{q_N} . \tag{127}$$

Wird nun die mittlere Zeit $MTBS_{q_N}$ aus (123) mit der Wahrscheinlichkeit w_{q_N} aus (125) eines Zustandes q_N multipliziert und dann eine Summe über alle solchen Zustände gebildet, für die mindestens ein Übergang in einen anderen Zustand existiert, so ergibt sich eine sog. mittlere Zeit MTFE (Mean Time to Failure Effect). Sie entspricht der mittleren Zeit, daß das System vom Zustand O des Ausfallwirkungs- und Sicherungsdiagramms in einen solchen Zustand übergeht, für den kein Übergang in einen anderen Zustand mehr existiert (absorbierender Zustand). Die in Bild 15 gestrichelt gezeichnete Linie wird dabei nicht berücksichtigt.
MTFE hat also die Form:

$$MTFE = \frac{1}{v_{q_O}} + \sum_{N=1}^{M-1} \sum_{z_1 \epsilon Z_{NT}} \cdots \sum_{z_N \epsilon Z_{NT}(q_{n-1})} \frac{w_{q_N}}{v_{q_N}} \quad . \tag{128}$$

In Anlehnung an [19, S.74] läßt sich zeigen, daß die mittlere Zeit MTDF aus (127) und (128) durch Quotientenbildung berechnet werden kann:

$$MTDF = \frac{MTFE}{w} \quad . \tag{129}$$

Einzelausfälle

Die Berechnung der MTDF bezüglich Einzelausfällen wurde schon
in Abschnitt 4.3.1.1 behandelt.
Eine Berechnung nach dem obigen Verfahren ist jedoch ebenfalls
sehr leicht durchzuführen.

Einzel- und Zweifachausfälle

Bei der Berechnung der MTDF bezü
fällen ist M = 2 (Bild 14).

Aus (124) ergibt sich für N = 1 und 2:

$$P_{q_1} = P_{z_1} = \frac{\lambda_{z_1}}{\nu_0} \tag{130}$$

$$P_{q_2} = P_{z_1,z_2} = \frac{\lambda_{z_1,z_2}}{\nu_{z_1}} \quad , \tag{131}$$

wobei der Einfachheit halber die Bezeichnung O statt q_0 verwendet wird.

Die Wahrscheinlichkeiten w_{q_N} aus (125) für N = 1 und 2 erhält
man zu:

$$w_{q_1} = w_{z_1} = P_{z_1} = \frac{\lambda_{z_1}}{\nu_0}$$

$$w_{q_2} = w_{z_1,z_2} = P_{z_1} \cdot P_{z_1,z_2} = \frac{\lambda_{z_1}}{\nu_0} \frac{\lambda_{z_1 z_2}}{\nu_{z_1}} \quad . \tag{132}$$

Für die Wahrscheinlichkeit w erhält man dann aus (127):

$$w = \sum_{z_1 \in Z_{GF}} w_{z_1} + \sum_{z_1 \in Z_{NT}} \sum_{z_2 \in Z_{GF}(z_1)} w_{z_1,z_2} \quad . \tag{133}$$

Durch Einsetzen der Werte aus (132) ergibt sich nach einer Umformung

$$w = \frac{1}{\nu_0} \left(\gamma_0 + \sum_{z_1 \in Z_{NT}} \frac{\lambda_{z_1} \gamma_{z_1}}{\nu_{z_1}} \right) \quad . \tag{134}$$

Die mittlere Zeit MTFE wird aus (128) bestimmt:

$$MTFE = \frac{1}{\nu_o} + \sum_{z_1 \in Z_{NT}} \frac{w_{z_1}}{\nu_{z_1}} \quad . \tag{135}$$

Durch Einsetzen von w_{z_1} aus (132) erhält man hieraus nach einer kleinen Umformung:

$$MTFE = \frac{1}{\nu_o} \left(1 + \sum_{z_1 \in Z_{NT}} \frac{\lambda_{z_1}}{\nu_{z_1}} \right) \quad . \tag{136}$$

Damit ergibt sich die mittlere Zeit MTDF aus (129) schließlich zu:

$$MTDF = \frac{1 + \sum_{z_1 \in Z_{NT}} \dfrac{\lambda_{z_1}}{\nu_{z_1}}}{\gamma_o + \sum_{z_1 \in Z_{NT}} \dfrac{\lambda_{z_1} \gamma_{z_1}}{\nu_{z_1}}} \quad . \tag{137}$$

Dieses Ergebnis stimmt mit (121), das nach der Methode der Markow-Ketten im Laplace-Bereich errechnet wurde, überein.

Einzel- bis Dreifachausfälle

Das Verfahren läßt sich auch für die Berechnung der MTDF bezüglich 3-fach-Ausfällen leicht anwenden (M = 3).
Für N = 1 und 2 erhält man aus (124) und (125) wiederum die Formeln (130), (131) und (132). Für N = 3 ergibt sich:

$$p_{q_3} = p_{z_1, z_2, z_3} = \frac{\lambda_{z_1, z_2, z_3}}{\nu_{z_1, z_2}} \tag{138}$$

und

$$w_{q_3} = w_{z_1, z_2, z_3} = p_{z_1} \cdot p_{z_1, z_2} \cdot p_{z_1, z_2, z_3}$$

$$= \frac{\lambda_{z_1}}{\nu_o} \frac{\lambda_{z_1, z_2}}{\nu_{z_1}} \frac{\lambda_{z_1, z_2, z_3}}{\nu_{z_1, z_2}} \quad . \tag{139}$$

Die Wahrscheinlichkeit w berechnet sich dann aus (127) zu:

$$w = \sum_{z_1 \in Z_{GF}} w_{z_1} + \sum_{z_1 \in Z_{NT}} \sum_{z_2 \in Z_{GF}(z_1)} w_{z_1,z_2} +$$

$$+ \sum_{z_1 \in Z_{NT}} \sum_{z_2 \in Z_{NT}(z_1)} \sum_{z_3 \in Z_{GF}(z_1,z_2)} w_{z_1,z_2,z_3} \qquad (140)$$

Durch Einsetzen erhält man hieraus

$$w = \frac{1}{\nu_0} \left[\gamma_0 + \sum_{z_1 \in Z_{NT}} \frac{\lambda_{z_1}}{\nu_{z_1}} \left(\gamma_{z_1} + \sum_{z_2 \in Z_{NT}(z_1)} \frac{\lambda_{z_1,z_2} \gamma_{z_1,z_2}}{\nu_{z_1,z_2}} \right) \right] . \qquad (141)$$

Die mittlere Zeit MTFE erhält man aus (128) zu:

$$MTFE = \frac{1}{\nu_0} + \sum_{z_1 \in Z_{NT}} \frac{w_{z_1}}{\nu_{z_1}} + \sum_{z_1 \in Z_{NT}} \sum_{z_2 \in Z_{NT}(z_1)} \frac{w_{z_1,z_2}}{\nu_{z_1,z_2}}$$

oder nach kurzer Umformung

$$MTFE = \frac{1}{\nu_0} \left[1 + \sum_{z_1 \in Z_{NT}} \frac{\lambda_{z_1}}{\nu_{z_1}} \left(1 + \sum_{z_2 \in Z_{NT}(z_1)} \frac{\lambda_{z_1,z_2}}{\nu_{z_1,z_2}} \right) \right] . \qquad (142)$$

Die mittlere Zeit MTDF bezüglich Einzel- bis Dreifachausfällen
ergibt sich schließlich aus (129), (141) und (142) in der Form:

$$MTDF = \frac{1 + \sum\limits_{z_1 \in Z_{NT}} \dfrac{\lambda_{z_1}}{\nu_{z_1}} \left(1 + \sum\limits_{z_2 \in Z_{NT}(z_1)} \dfrac{\lambda_{z_1,z_2}}{\nu_{z_1,z_2}} \right)}{\gamma_0 + \sum\limits_{z_1 \in Z_{NT}} \dfrac{\lambda_{z_1}}{\nu_{z_1}} \left(\gamma_{z_1} + \sum\limits_{z_2 \in Z_{NT}(z_1)} \dfrac{\lambda_{z_1,z_2} \gamma_{z_1,z_2}}{\nu_{z_1,z_2}} \right)} . \qquad (143)$$

Einzel- und Mehrfachausfälle

Das Verfahren kann auch für $M > 3$ ohne Schwierigkeiten ange-
wendet werden.

Um hohen Rechenaufwand für $M > 3$ zu vermeiden, empfiehlt es sich
jedoch, Abschätzverfahren zu verwenden, die schneller zum Ziel
führen (s. Abschnitt 4.4).

Beispiel

Für das Diagramm nach Bild 20 soll die mittlere Zeit MTDF berechnet werden.

Aus (143) erhält man sofort nach Einsetzen der Übergangsraten:

$$\text{MTDF} \;=\; \frac{1 + \dfrac{\lambda_1}{\nu_1}\left(1 + \dfrac{\lambda_{1,1}}{\nu_{1,1}}\right)}{\dfrac{\lambda_1}{\nu_1}\;\dfrac{\lambda_{1,1}\cdot\gamma_{1,1}}{\nu_{1,1}}}\;. \tag{144}$$

4.3.2 Berechnung der mittleren Zeit MTDS

Die mittlere Zeit MTDF bezieht sich nach (4) auf die gefährliche Veränderung der Funktion des Steuerungssystems. Die mittlere Zeit MTDS, eingeführt in (5), bezieht sich dagegen auf das Ausgeben eines gefährlichen Steuersignals.

Falls die Funktion des Steuerungssystems gefährlich verändert wird, hängt es noch vom Datenfluß ab, ob und wann ein gefährlicher Wert des Steuersignals ausgegeben wird. Diese Abhängigkeit kann man in dem Ausfallwirkungs- und Sicherungsdiagramm durch einen Übergang von den Zuständen mit der GF-Ausfallwirkung (gefährliche Funktion des Steuerungssystems) in einen Zustand, der mit GS gekennzeichnet wird (gefährliche Steuersignale), darstellen.

In Bild 21 ist dieser Übergang für den Fall der Berechnung der mittleren Zeit MTDS bezüglich Einzel- und Zweifachausfällen in das Diagramm nach Bild 14 eingezeichnet.

Bezeichnet man die mittlere Zeit vom Eintreten des Einzelausfalls z_1 bzw. Mehrfachausfalls q_N, der durch GF-Ausfallwirkung gekennzeichnet ist, bis zum Zeitpunkt des Zustands, der durch GS-Auswirkung gekennzeichnet ist, mit $\tau^d_{z_1}$ bzw. $\tau^d_{q_N}$, so kann man unter der Voraussetzung, daß die Zeiten negativ exponential verteilt sind, als Übergangsrate $1/\tau^d_{z_1}$ bzw. $1/\tau^d_{q_N}$ ansetzen (s. Bild 21). Ob diese Annahme zutrifft, hängt natürlich vom Datenfluß ab. Ist die Voraussetzung der Exponentialverteilung nicht erfüllt, so kann eine minimale Übergangszeit τ^d_{min} zur Abschätzung der mittleren Zeit MTDS angesetzt werden.

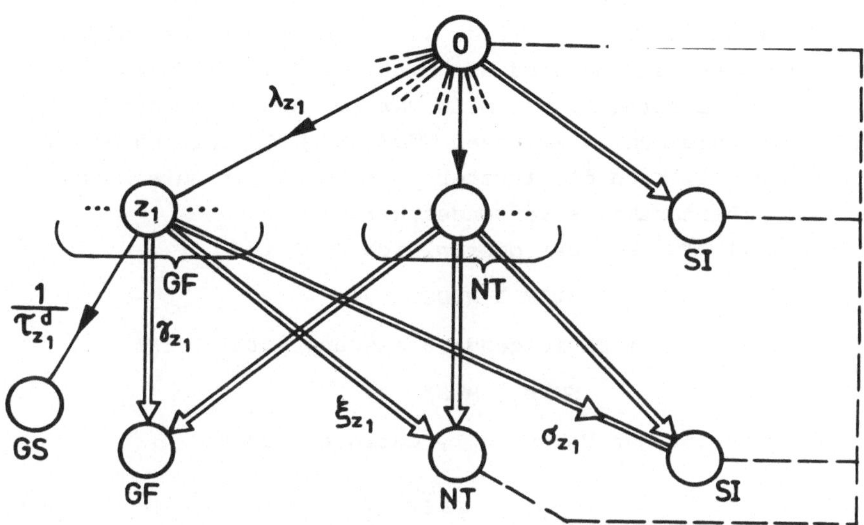

Bild 21. Ausfallwirkungs- und Sicherungsdiagramm für die Berechnung der MTDS

Alle Formeln, die zur Berechnung der mittleren Zeit MTDF hergeleitet wurden, können zur Berechnung der mittleren Zeit MTDS verwendet werden. Sie sind allerdings an das veränderte Diagramm anzupassen.

Für den in Bild 21 dargestellten Fall ergibt sich die MTDS aus (121) nach der Anpassung (hier zusätzlich GS und GF vereint) zu:

$$
\text{MTDS} = \frac{1 + \sum\limits_{z_1 \in Z_{NT} \cup Z_{GF}} \dfrac{\lambda_{z_1}}{\nu_{z_1}}}{\sum\limits_{z_1 \in Z_{NT}} \dfrac{\lambda_{z_1} \gamma_{z_1}}{\nu_{z_1}} + \sum\limits_{z_1 \in Z_{GF}} \dfrac{\lambda_{z_1}\left(\gamma_{z_1} + \dfrac{1}{\tau_{z_1}^d}\right)}{\nu_{z_1}}} \quad ,
$$

wobei gilt:

$$
\nu_{z_1} = \begin{cases} \gamma_{z_1} + \xi_{z_1} + \sigma_{z_1} & , \text{ für } z_1 \in Z_{NT} \\[2ex] \gamma_{z_1} + \xi_{z_1} + \sigma_{z_1} + \dfrac{1}{\tau_{z_1}^d} & , \text{ für } z_1 \in Z_{GF} \end{cases}
$$

4.3.3 Berechnung des Sicherheitsfaktors

Der Sicherheitsfaktor k_s wurde in Abschnitt 2.3 definiert.
Für dessen Berechnung wird die mittlere Zeit MTDS benötigt.
Wie man sie ermittelt, wurde im vorigen Abschnitt behandelt.
Falls der Unterschied zwischen MTDS und MTDF vernachlässig-
bar klein ist, kann die letztere ebensogut zur Berechnung
des Sicherheitsfaktors verwendet werden.
Da die Zeit MTDF kleiner oder gleich MTDS ist

$$MTDF \leq MTDS \quad ,$$

und für die Zeit MTFE folgende Beziehung erfüllt ist

$$MTFE \geq MTBF \quad ,$$

ergibt sich für den Faktor k_s' , definiert durch

$$k_s' = \frac{MTDF}{MTFE} \quad , \tag{145}$$

folgende Beziehung:

$$k_s \geq k_s' \quad ,$$

d.h. k_s' stellt eine untere Grenze des Sicherheitsfaktors k_s
dar.
Aus (129) und (145) erhält man k_s' zu

$$k_s' = \frac{1}{w} > 1 \quad . \tag{146}$$

Einzelausfälle

Für Einzelausfälle (Bild 13) ergibt sich MTFE aus (128) für
$M = 1$:

$$MTFE = \frac{1}{\nu_o} \quad . \tag{147}$$

Aus (113) und (147) erhält man k_s' entsprechend (145) in der
Form:

$$k_s' = \frac{\nu_o}{\gamma_o} \quad . \tag{148}$$

Einzel- und Zweifachausfälle

Den Faktor k_s' bezüglich Einzel- und Zweifachausfällen erhält
man aus (134) und (146) in der Form:

$$k'_s = \frac{\nu_o}{\gamma_o + \sum_{z_1 \in Z_{NT}} \frac{\lambda_{z_1} \cdot \gamma_{z_1}}{\nu_{z_1}}} \qquad . \tag{149}$$

Einzel- bis Dreifachausfälle

Bezüglich Einzel- bis Dreifachausfällen erhält man aus (141) und (146):

$$k'_s = \frac{\nu_o}{\gamma_o + \sum_{z_1 \in Z_{NT}} \frac{\lambda_{z_1}}{\nu_{z_1}} \left(\gamma_{z_1} + \sum_{z_2 \in Z_{NT}(z_1)} \frac{\lambda_{z_1,z_2} \cdot \gamma_{z_1,z_2}}{\nu_{z_1}} \right)} \tag{150}$$

4.3.4 Berechnung des Sicherheitsgewinns

Ähnlich wie beim Sicherheitsfaktor kann der in Abschnitt 2.3 definierte Sicherheitsgewinn g_s aus den mittleren Zeiten MTDF und $MTDF_o$ berechnet werden:

$$g'_s = \frac{MTDF}{MTDF_o} \quad , \tag{151}$$

falls der Unterschied zwischen den mittleren Zeiten MTDS und MTDF vernachlässigbar klein ist. Durch den Sicherheitsgewinn kann die Wirksamkeit der Anwendung einer beliebigen Sicherheitsmaßnahme quantitativ bewertet werden. In (151) bedeutet:

MTDF die mittlere Zeit bis zur gefährlichen Veränderung der Funktion eines Steuerungssystems im Falle der Anwendung einer bestimmten Sicherheitsmaßnahme,

$MTDF_o$ die mittlere Zeit bis zur gefährlichen Veränderung der Funktion des gleichen Steuerungssystems im Falle, daß diese Sicherheitsmaßnahme nicht angewandt wird.

4.3.5 Anwendungsbeispiele

Beispiel 9

Die mittlere Zeit MTDF bezüglich Einzel- und Zweifachausfällen und der Sicherheitsfaktor soll für die Schaltung nach

Bild 10 berechnet werden.

Berechnung der MTDF

Einzelausfälle

Die mittlere Zeit MTDF bezüglich Einzelausfällen erhält man
aus (113) mittels (106) zu:

$$\text{MTDF} = \frac{1}{\gamma_0} = \frac{1}{4,06 \cdot 10^{-8} \ h^{-1}} \doteq 2,46 \cdot 10^7 \ h \doteq 2,8 \cdot 10^3 \ \text{Jahre.} \quad (152)$$

Einzel- und Zweifachausfälle

Wird das Auftreten der zweiten Einzelausfälle berücksichtigt,
ergibt sich die MTDF für die Übergangsraten (108) und (110)
aus (121) bzw. (137) unter Verwendung von (68) in der Form:

$$\text{MTDF} \doteq \frac{1 + \dfrac{10^{-9}}{3,6 \cdot 10^4} + \dfrac{10^{-10}}{1} + \dfrac{10^{-9}}{3,6 \cdot 10^4} + \dfrac{10^{-10}}{1} + \dfrac{10^{-10}}{1}}{4,06 \cdot 10^{-8} + \dfrac{2,05 \cdot 10^{-17}}{3,6 \cdot 10^4} + \dfrac{2 \cdot 10^{-20}}{1} + \dfrac{2,05 \cdot 10^{-17}}{3,6 \cdot 10^4} + \dfrac{2 \cdot 10^{-20}}{1}}$$

$$(153)$$

wobei aus Tab. 4, Tab. 5 und (44) folgende Werte verwendet
worden sind:

$$\lambda_{z_1} = \begin{cases} 10^{-9} h^{-1} & \text{für} \quad z_1 = 9,14 \\ 10^{-10} h^{-1} & \text{für} \quad z_1 = 10,15,19 \end{cases} .$$

Daraus ergibt sich wieder:

$$\text{MTDF} \doteq 2,46 \ 10^7 \ h \doteq 2,8 \cdot 10^3 \ \text{Jahre} . \quad (154)$$

Es zeigt sich, daß die MTDF durch die Berücksichtigung der
Zweifachausfälle nicht verringert wurde, d.h. die Zweifachausfälle haben in diesem Beispiel einen vernachlässigbaren Einfluß.

Berechnung des Sicherheitsfaktors

Da die Zweifachausfälle im betrachteten Beispiel vernachläs-
sigt werden können, wird der Faktor k_s' nur bezüglich der Ein-

zelausfälle berechnet. Aus Tab. 4 und Tab. 5 erhält man für
die mittlere Zeit MTFE bezüglich der Einzelausfälle:

$$\text{MTFE} = \frac{1}{\nu_o} = \frac{1}{\displaystyle\sum_{z=1}^{20} \lambda_z} = \frac{1}{2(r_1+r_2+r_3+r_4)+3(r_5+r_6+r_7+r_8)} =$$

$$= \frac{1}{44,39 \cdot 10^{-8} \text{ h}^{-1}} \doteq 2,25 \cdot 10^6 \text{ h} \doteq 257 \text{ Jahre} . \qquad (155)$$

Für den Faktor k_s' ergibt sich damit:

$$k_s' = \frac{\text{MTDF}}{\text{MTFE}} = \frac{2,46 \cdot 10^7 \text{h}}{2,25 \cdot 10^6 \text{h}} \doteq 11 \quad . \qquad (156)$$

Beispiel 10

Die mittlere Zeit MTDF, der Sicherheitsfaktor und der Sicherheitsgewinn sollen für die Schaltung nach Bild 11 berechnet
werden.

Berechnung der MTDF

Einzelausfälle

Aus (112) und (113) erhält man

$$\text{MTDF} = \frac{1}{\gamma_o} = \frac{1}{10^{-10} \text{ h}^{-1}} = 10^{10} \text{ h} \doteq 1,1 \cdot 10^6 \text{ Jahre} . \qquad (157)$$

Einzel- und Zweifachausfälle

Da zur exakten Berechnung der MTDF bezüglich Einzel- und Zweifachausfällen für dieses kleine Beispiel eine Untersuchung der
Ausfallwirkungen von ca. 73×76 = 5548 Zweifachausfällen nötig
wäre, wird nur eine Abschätzung dieser Zeit im nächsten Abschnitt (4.4) durchgeführt.

Berechnung des Sicherheitsfaktors

Einzelausfälle

Entsprechend (59) und Tab. 4,5,7,8,9 sowie (44) erhält man

für M = 1 aus (128):

$$\text{MTFE} = \frac{1}{\sum\limits_{z^*=1}^{78} \lambda_{z^*}} \doteq \frac{1}{1,89 \cdot 10^{-6} \; h^{-1}} \doteq 5,29 \cdot 10^5 \; h \doteq 60 \; \text{Jahre}. \qquad (158)$$

Der Sicherheitsfaktor bezüglich Einzelausfällen ergibt sich aus (157), (158) und (145) zu:

$$k'_s \doteq \frac{10^{10} \; h}{5,29 \cdot 10^5 \; h} \doteq 1,89 \cdot 10^4 \quad . \qquad (159)$$

Einzel- und Zweifachausfälle

Der Sicherheitsfaktor bezüglich Einzel- und Zweifachausfällen wird aus dem obigen Grund nicht exakt berechnet. Eine Abschätzung wird im nächsten Abschnitt (4.4) durchgeführt.

Berechnung des Sicherheitsgewinns

Einzelausfälle

Nimmt man (152) als MTDF_o und vergleicht mit (157), so erhält man einen Sicherheitsgewinn g'_s von:

$$g'_s = \frac{\text{MTDF}}{\text{MTDF}_o} \doteq \frac{10^{10} \; h}{2,46 \cdot 10^7 \; h} \doteq 406 \quad ,$$

d.h. durch Anwendung der operativen Sicherungsmaßnahme in Beispiel 2 wird die mittlere Zeit MTDF bezüglich Einzelausfällen um das 406-fache vergrößert.

Einzel- und Zweifachausfälle

Für den Sicherheitsgewinn bezüglich Einzel- und Zweifachausfällen wird ebenfalls nur eine Abschätzung durchgeführt.

4.4 Abschätzung der Sicherheitskenngröße

Um einen unnötigen Aufwand bei der Untersuchung von Ausfallwirkungen zu vermeiden, können bestimmte Vereinfachungen vor-

genommen werden, ohne daß hierdurch die Genauigkeit wesentlich beeinträchtigt wird.

Bei stärkeren Vereinfachungen sollte darauf geachtet werden,
daß der Schätzwert für eine bestimmte Größe ($\lambda, \tau, \ldots$) immer
auf der richtigen Seite, d.h. unterhalb bzw. oberhalb des
exakten Wertes liegt, um die Beziehung

$$\widetilde{MTDF} \leq MTDF \tag{160}$$

erfüllen zu können. Die Schätzwerte werden mit $\sim$ gekennzeichnet.

Zwei Arten von Vereinfachungen können bei der Abschätzung der
Sicherheitskenngrößen komplexer Systeme mit Vorteil angewandt
werden.

1) Zerlegung des Ausfallwirkungs- und Sicherungsdiagramms

2) Vereinfachungen bei der Zerlegung der Menge aller möglichen Einzel- und Mehrfachausfälle in Teilmengen.

Anhand der Vereinfachungen werden in diesem Abschnitt Formeln
für die Abschätzung der mittleren Zeit MTDF hergeleitet. Sie
können auch für die Abschätzung der mittleren Zeit MTDS verwendet werden. Die Erweiterung des Ausfallswirkungs- und Sicherungsdiagramms ist leicht zu berücksichtigen.

4.4.1 Zerlegung des Ausfallwirkungs- und Sicherungsdiagramms

Das Ausfallwirkungs- und Sicherungsdiagramm nach Bild 15
kann in Teildiagramme in der Art zerlegt werden, daß jedes
Teildiagramm den Zustand O und bestimmte Einzel- und/oder
Mehrfachausfälle enthält. Diese Zerlegung sei vollständig,
wenn jeder Zustand, für den kein Übergang in einen anderen
Zustand mehr existiert (absorbierender Zustand), nur in einem Teildiagramm enthalten ist.

Bild 22 zeigt eine Möglichkeit zur vollständigen Zerlegung
des Ausfallwirkungs- und Sicherungsdiagramms von Bild 17.

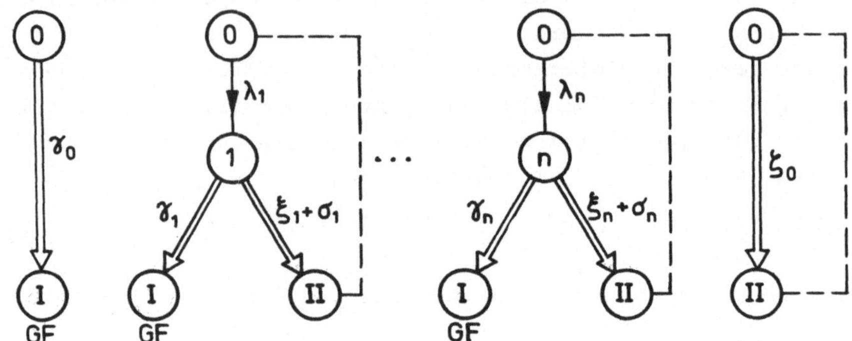

Bild 22. Zerlegung des Ausfallwirkungs- und Sicherungsdiagramms bezüglich Einzel- und Zweifachausfällen

4.4.2 Vereinfachungen bei der Zerlegung der Menge aller möglichen Einzel- und Mehrfachausfälle in Teilmengen

Die in Abschnitt 4.1.6 beschriebene Zerlegung der Menge aller
möglichen Einzel- und Mehrfachausfälle erfordert eine genaue
Untersuchung der Ausfallwirkungen. Dies kann schon bei klei-
neren digitalen Schaltungen sehr aufwendig werden. Es ist
daher zweckmäßig, die Teilmengen auf einfache Weise abzu-
schätzen.

Die geschätzten Teilmengen seien mit $\sim$ gekennzeichnet:

$$\tilde{z}_{GF} \ , \ \tilde{z}_{GF}(z_1) \ , \ \tilde{z}_{NT} \quad \text{usw.} \tag{161}$$

Verwendet man die geschätzten Teilmengen in den Formeln (63)
bis (71), so erhält man Schätzwerte von Übergangsraten. Um
(160) zu erfüllen, müssen die Schätzwerte der Übergangsraten,
die in Bild 15 und in den Berechnungsformeln (113), (121),
(137) und (143) auftreten, bestimmte Bedingungen erfüllen:

$$\begin{aligned}
\tilde{\gamma}_{q_{N-1}} &\geq \gamma_{q_{N-1}} \ , \qquad N = 1,2\ldots M \\
\tilde{\nu}_{q_{N-1}} &\leq \nu_{q_{N-1}} \ , \qquad N = 1,2\ldots M \quad .
\end{aligned} \tag{162}$$

Dabei wird vorausgesetzt, daß bestimmte Zusatzbedingungen
aufgrund des Aufbaus von technischen Systemen erfüllt sind.
Eine Zusatzbedingung für das Beispiel 7 lautet:

$$\tilde{\gamma}_1 \gtrless \tilde{\gamma}_0 \quad , \tag{163}$$

d.h. das System geht in einen Zustand mit GF-Ausfallwirkung
früher über, wenn schon ein Einzelausfall aufgetreten ist,
als wenn es sich im ausfallsfreien Zustand O befindet.

Falls eine operative Sicherungsmethode angewandt wird, können folgende Vereinfachungen eingeführt werden:

1) Allen nicht erkennbaren Einzel- und Mehrfachausfällen
   wird eine GF-Ausfallwirkung zugeordnet.
2) Das Kriterium für die Erkennung von Einzel- bzw. Mehrfachausfällen wird vereinfacht dargestellt.

Die zweite Vereinfachung sei am Beispiel 2, Bild 11 erläutert. In diesem Beispiel sind alle Einzelausfälle, die in F_1
bzw. F_2 auftreten, durch E erkennbar. Nicht erkennbar sind
nur solche Zwei- bzw. Mehrfachausfälle, die die Funktion
beider Einheiten, F_1 und F_2, in gleicher Weise verändern. Um
aufwendige Untersuchungen der Erkennbarkeit von Zwei- und
Mehrfachausfällen zu vermeiden, können alle solchen Zwei-
und Mehrfachausfälle als nicht erkennbar betrachtet werden,
bei denen jeweils mindestens ein Einzelausfall in F_1 und
einer in F_2 auftreten.

Bei der Anwendung operativer Sicherungsmethoden ist die Übergangsrate $1/\tau_{q_N}$ bei allen erkennbaren N-fach-Ausfällen wesentlich größer als die Summe der in Betracht kommenden Ausfallraten:

$$\frac{1}{\tau_{q_N}} \gg \gamma_{q_N} + \xi_{q_N} + \zeta_{q_N} \quad , \quad N = 1,2 \ldots M-1 \quad . \tag{164}$$

Daraus ergibt sich ein Schätzwert für

$$\tilde{\nu}_{q_N} = \frac{1}{\tau_{q_N}} \lessgtr \nu_{q_N} \quad , \quad N = 1,2 \ldots M-1 \quad . \tag{165}$$

Vereinfachungen bei der Zerlegung der Menge von Zweifachausfällen

Erhält man bei der Abschätzung der Übergangsraten γ_{z_1}, ξ_{z_1} und σ_{z_1} für bestimmte Einzelausfälle z_1 etwa gleiche Schätzwerte, so lassen sie sich zu einer Teilmenge $Z_{(i)}$ zusammenfassen, für die ein gemeinsamer Schätzwert von $\tilde{\gamma}_{(i)}$, $\tilde{\xi}_{(i)}$ und $\tilde{\sigma}_{(i)}$ unter Berücksichtigung von (162) angenommen wird.

$$
\left.
\begin{aligned}
\tilde{\gamma}_{z_1} &= \tilde{\gamma}_{(i)} \\[4pt]
\tilde{\xi}_{z_1} &= \tilde{\xi}_{(i)} \\[4pt]
\tilde{\sigma}_{z_1} &= \tilde{\sigma}_{(i)}
\end{aligned}
\right\}
\qquad \text{für} \quad z_1 \in Z_{(i)} \;,\quad i = 1,2 \ldots n
\qquad (166)
$$

Für die Teilmengen $Z_{(i)}$, $i = 1,2,\ldots$ von Einzelausfällen z_1 kann eine Übergangsrate berechnet werden:

$$
\lambda_{(i)} = \sum_{z_1 \in Z_{(i)}} \lambda_{z_1} \;,\quad i = 1,2,\ldots n \;. \qquad (167)
$$

Werden auch diese Teilmengen geschätzt, so erhält man aus (167) Schätzwerte der Übergangsraten $\tilde{\lambda}_{(i)}$.

Durch die obigen Vereinfachungen ergibt sich aus Bild 14 ein vereinfachtes Diagramm nach Bild 23.

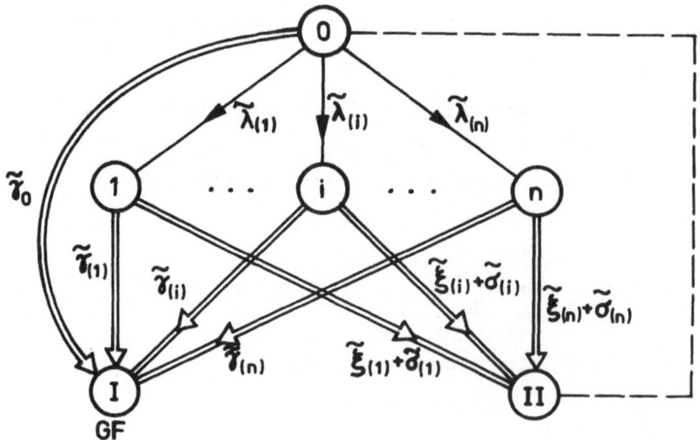

Bild 23. Vereinfachtes Ausfallwirkungs- und Sicherungsdiagramm bezüglich Einzel- und Zweifachausfällen

4.4.3 Abschätzung der MTDF durch Zerlegung des Diagramms

Für jedes durch die Zerlegung erhaltene Teildiagramm k,
k = 1,2,... kann eine mittlere Zeit $MTDF_k$ berechnet werden.
Die Berechnung des Schätzwertes erfolgt nach der Formel:

$$\widetilde{MTDF} = \left(\sum_k MTDF_k^{-1} \right)^{-1} \quad , \tag{168}$$

wobei über alle Teildiagramme k summiert wird.

Im weiteren wird gezeigt, daß bei der vollständigen Zerlegung des Ausfallwirkungs- und Sicherungsdiagramms bezüglich
Ein- und Zweifachausfällen der Schätzwert (168) die Bedingung (160) erfüllt.

Einzelausfälle

Das Diagramm von Bild 13 kann vollständig in mehrere Teildiagramme (Bild 24) zerlegt werden. In Bild 24 wird eine einfache Indizierung der Ausfallraten verwendet.

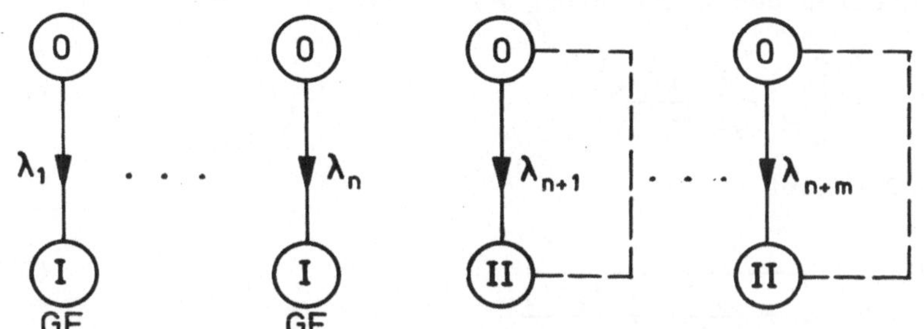

Bild 24. Zerlegung des Ausfalldiagramms bezüglich Einzelausfällen

Für die Teildiagramme erhält man

$$MTDF_k^{-1} = \begin{cases} \lambda_k & \text{für} \quad k = 1,\ldots n \\ \\ 0 & \text{für} \quad k = n+1,\ldots n+m \end{cases} \tag{169}$$

Nach Einsetzen in (168) ist

$$\widetilde{MTDF} = \frac{1}{\sum\limits_{k=1}^{n} \lambda_k} = \frac{1}{\gamma_0} = MTDF \quad . \tag{170}$$

Die Bedingung (160) ist, wie auch erwartet, erfüllt.

Einzel- und Zweifachausfälle

Entsprechend der Zerlegung nach Bild 22 erhält man für die Teildiagramme:

$$MTDF_k = \begin{cases} \dfrac{1}{\gamma_0} & \text{für} \quad k = 0 \\[2ex] \dfrac{\lambda_k + \nu_k}{\lambda_k \cdot \gamma_k} & \text{für} \quad k = 1 \ldots n \\[2ex] 0 & \text{für} \quad k = n+1 \end{cases} \tag{171}$$

wobei gilt:

$$\nu_k = \gamma_k + \xi_k + \sigma_k \quad , \ k = 1,2,\ldots n$$

Nach Einsetzen der Werte $MTDF_k$ aus (171) in (168) erhält man:

$$\widetilde{MTDF} = \left[\gamma_0 + \sum_{k=1}^{n} \frac{\lambda_k \cdot \gamma_k}{\lambda_k + \nu_k} \right]^{-1} \quad . \tag{172}$$

Für n = 2 ergibt sich:

$$\widetilde{MTDF} = \frac{1}{\gamma_0 + \dfrac{\lambda_1 \cdot \gamma_1}{\lambda_1 + \nu_1} + \dfrac{\lambda_2 \cdot \gamma_2}{\lambda_2 + \nu_2}} \quad . \tag{173}$$

Werden in (173) sämtliche Terme des Nenners wie folgt verkleinert, ergibt sich der exakte Wert für MTDF nach (120):

$$\widetilde{MTDF} = \left(\gamma_0 + \frac{\lambda_1 \gamma_1}{\nu_1} \frac{1}{1 + \dfrac{\lambda_1}{\nu_1}} + \frac{\lambda_2 \gamma_2}{\nu_2} \frac{1}{1 + \dfrac{\lambda_2}{\nu_2}} \right)^{-1} \leq$$

$$\leq \left(\frac{\gamma_0}{1 + \dfrac{\lambda_1}{\nu_1} + \dfrac{\lambda_2}{\nu_2}} + \frac{\lambda_1 \gamma_1}{\nu_1} \frac{1}{1 + \dfrac{\lambda_1}{\nu_1} + \dfrac{\lambda_2}{\nu_2}} + \frac{\lambda_2 \gamma_2}{\nu_2} \frac{1}{1 + \dfrac{\lambda_1}{\nu_1} + \dfrac{\lambda_2}{\nu_2}} \right)^{-1}$$

$$= MTDF \quad . \tag{174}$$

Die Bedingung (160) ist damit erfüllt. Durch Induktion kann der Beweis für n+1 und damit für alle n erbracht werden.

Einzel- und Mehrfachausfälle

Für ein Ausfallwirkungs- und Sicherungsdiagramm, in dem auch Mehrfachausfälle (M > 2) berücksichtigt werden, wird angenommen, daß durch Zerlegung in Teildiagramme der Schätzwert (168) die mittlere Zeit MTDF gut approximiert.

4.4.4 Abschätzungen der MTDF durch Verein: Zerlegung der Menge aller möglichen Einzel- und Mehrfachausfälle

Der Schätzwert $\widetilde{MTDF}$, der die Bedingung (160) erfüllen soll, kann auch aufgrund der geschätzten Übergangsraten berechnet werden, die anhand der Abschätzung der Teilmengen (161) bestimmt werden (s. Abschnitt 4.4.2).

Zum Beispiel ergibt sich bei der Berücksichtigung von Einzel- und Zweifachausfällen nach der Formel (120) der Schätzwert MTDF unter Verwendung von (166) und (167) zu:

$$\widetilde{MTDF} = \frac{1 + \sum_{i=1}^{n} \frac{\widetilde{\lambda}_{(i)}}{\widetilde{\nu}_{(i)}}}{\widetilde{\gamma}_0 + \sum_{i=1}^{n} \frac{\widetilde{\lambda}_{(i)} \widetilde{\gamma}_{(i)}}{\widetilde{\nu}_{(i)}}} \tag{175}$$

Vereinfachungen dieser Art lassen sich auch bezüglich Mehrfachausfällen durchführen.

4.4.5 Abschätzung der MTDF durch Anwendung von beiden Vereinfachungsarten

Bei der Abschätzung der MTDF können gleichzeitig beide oben beschriebenen Vereinfachungsarten angewandt werden. Zum Beispiel ergibt sich aus der Zerlegung des vereinfachten Ausfallwirkungs- und Sicherungsdiagramms bezüglich Einzel- und Zweifachausfällen (Bild 23) ein Schätzwert $\widetilde{MTDF}$, der aus den Schätzwerten $\widetilde{MTDF}_{(i)}$ einzelner Teildiagramme berechnet wird:

$$\widetilde{\text{MTDF}} = \left[\widetilde{\gamma}_0 + \sum_{i=1}^{n} \widetilde{\text{MTDF}}_{(i)}^{-1} \right]^{-1}$$

$$= \left[\widetilde{\gamma}_0 + \sum_{i=1}^{n} \frac{\widetilde{\lambda}_{(i)} \, \widetilde{\gamma}_{(i)}}{\widetilde{\lambda}_{(i)} + \widetilde{\nu}_{(i)}} \right]^{-1} \qquad (176)$$

Für eine Teilmenge $\widetilde{Z}_{(i)}$ der erkennbaren Einzelausfälle z_1 kann $\widetilde{\nu}_{(i)}$ nach (165) bestimmt werden:

$$\widetilde{\nu}_{(i)} = \frac{1}{\tau} < \nu_{z_1} \quad , \qquad z_1 \, e \, \widetilde{Z}_{(i)} \quad , \qquad (177)$$

wobei τ die mittlere Zeit für die Erkennung und Sicherung darstellt. Für diese Teilmenge von Einzelausfällen kann die mittlere Zeit $\widetilde{\text{MTDF}}_{(i)}$ noch einfacher geschätzt werden:

$$\widetilde{\text{MTDF}}_{(i)} = \frac{\widetilde{\lambda}_{(i)} + \widetilde{\nu}_{(i)}}{\widetilde{\lambda}_{(i)} \cdot \widetilde{\gamma}_{(i)}} > \frac{\widetilde{\nu}_{(i)}}{\widetilde{\lambda}_{(i)} \cdot \widetilde{\gamma}_{(i)}} = \frac{1}{\widetilde{\lambda}_{(i)} \cdot \widetilde{\gamma}_{(i)} \cdot \tau} \qquad (178)$$

und für den Fall

$$\widetilde{\lambda}_{(i)} \ \stackrel{\geq}{} \ \widetilde{\gamma}_{(i)}$$

erhält man als Schätzwert:

$$\widetilde{\text{MTDF}}_{(i)} > \frac{1}{\widetilde{\lambda}^2_{(i)} \cdot \tau} \quad . \qquad (179)$$

4.4.6 Abschätzung des Sicherheitsfaktors und -gewinns

Bei der Berechnung des Sicherheitsfaktors aus den Formeln (147) bis (150) kann man ähnliche Vereinfachungen vornehmen wie bei der Abschätzung der mittleren Zeit MTDF. Der Schätzwert des Sicherheitsfaktors kann auch direkt aus (6) oder (145) wie folgt ermittelt werden:

$$\widetilde{k}_s = \frac{\widetilde{\text{MTDS}}}{\widetilde{\text{MTBF}}} \qquad (180)$$

$$\widetilde{k}'_s = \frac{\widetilde{\text{MTDF}}}{\widetilde{\text{MTFE}}} \quad , \qquad (181)$$

wobei

$\widetilde{MTDS}$, $\widetilde{MTBF}$, $\widetilde{MTDF}$ und $\widetilde{MTFE}$ Schätzwerte dieser mittleren Zeiten darstellen.

Der Schätzwert des Sicherheitsgewinns kann in ähnlicher Weise ermittelt werden:

$$\widetilde{g}_s = \frac{\widetilde{MTDS}}{\widetilde{MTDS}_o} \tag{182}$$

$$\widetilde{g}'_s = \frac{\widetilde{MTDF}}{\widetilde{MTDF}_o} \; . \tag{183}$$

4.4.7 Anwendungsbeispiele

Beispiel 11

Die mittlere Zeit MTDF soll für die Schaltung nach Bild 10 geschätzt werden.

Einzelausfälle

Der Schätzwert der MTDF bezüglich Einzelausfällen ist nach (170) identisch mit dem exakten Wert. Dieser wurde bereits in (154) berechnet:

$$\widetilde{MTDF} = MTDF \doteq 2{,}46\cdot 10^7 \; h \quad .$$

Einzel- und Zweifachausfälle

Entsprechend der Zerlegung nach Bild 22 erhält man für diese Teildiagramme aus (106), (108) und (110) nach der Formel (171) unter Verwendung der Indizierung z_1:

$$MTDF_o = \frac{1}{\gamma_o} \doteq \frac{1}{4{,}06\cdot 10^{-8}\; h^{-1}} \doteq 2{,}46\cdot 10^7 \; h$$

$$MTDF_{z_1} \doteq \begin{cases} \dfrac{1 + \dfrac{10^{-9}}{3{,}6\cdot 10^4}}{\dfrac{2{,}05\cdot 10^{-17}}{3{,}6\cdot 10^4}} \doteq 1{,}76\cdot 10^{21}\; h \;, & z_1 = 9{,}14 \\[20pt] \dfrac{1 + \dfrac{10^{-10}}{1}}{\dfrac{2\cdot 10^{-20}}{1}} \doteq 5\cdot 10^{19}\; h \;, & z_1 = 10{,}15 \\[20pt] \infty \;, & z_1 = 19 \end{cases}$$

Nach Einsetzen der Werte in (168) erhält man

$$\widetilde{\text{MTDF}} = 2{,}46 \; 10^7 \cdot h \quad .$$

Wie man sieht, unterscheidet sich der Schätzwert $\widetilde{\text{MTDF}}$ in diesem Beispiel praktisch nicht vom exakten Wert in (154).

Beispiel 12

Die mittlere Zeit MTDF, der Sicherheitsfaktor und der Sicherheitsgewinn soll für die Schaltung nach Bild 11 geschätzt werden.

Abschätzung der MTDF

Einzelausfälle

Der Schätzwert der MTDF bezüglich Einzelausfällen ist wiederum entsprechend (170) identisch mit dem exakten Wert nach (157).

$$\widetilde{\text{MTDF}} = \text{MTDF} = 10^{10} \; h \quad .$$

Einzel- und Zweifachausfälle

Da die genaue Untersuchung der Ausfallwirkungen von Zweifachausfällen einen relativ hohen Aufwand erfordert (ca. $73 \times 76 = 5548$ Auswirkungen von Zweifachausfällen sind zu untersuchen), wird die Abschätzung der MTDF mit Hilfe der oben beschriebenen Vereinfachungen vorgenommen. Die Menge $Z_{NT}^* = Z_{NB}^* \cup Z_{ST}^*$ der Einzelausfälle z_1^* aus (60), für die jeweils die zweiten Einzelausfälle z_2^* zu berücksichtigen sind (s. Bild 14), wird in folgende Teilmengen $Z_{(i)}^*$, $i = 1,2,\ldots 7$ zerlegt:

$$
\begin{aligned}
Z_{(1)}^* &= \{1,2,\ldots 20\} \\
Z_{(2)}^* &= \{21,22,\ldots 40\} \\
Z_{(3)}^* &= \{43,45,49,51,54,59,63,74,77\} \\
Z_{(4)}^* &= \{62,67\} \\
Z_{(5)}^* &= \{41,42,47,48,53,55,57,58,60,61,75\} \\
Z_{(6)}^* &= \{68,69\} \\
Z_{(7)}^* &= \{44,46,50,52,56,64,66,70,72\}
\end{aligned}
\qquad (184)
$$

Teilmengen $Z_{(1)}^*$ bis $Z_{(5)}^*$ bilden Z_{ST}^*, Teilmengen $Z_{(6)}^*$ und $Z_{(7)}^*$ bilden Z_{NB}^*.

Für die zur sicheren Seite <u>bemerkbaren Einzelausfälle</u> $z_1^* \in Z_{ST}^*$ aus (60) bzw. (184) können, ähnlich wie in (109) und (110), die mittleren Übergangszeiten - 1 h falls datenflußabhängig, 100 ms falls datenflußunabhängig bemerkbar (Relaisabfallzeit) - zur Abschätzung der Übergangsraten $\nu_{z_1^*}$ nach (165) angesetzt werden:

$$\tilde{\nu}_{z_1^*} = \begin{cases} 1 \text{ h}^{-1} & \text{für } z_1 \in Z_{(i)}^* \text{ , } i = 1,2,3,5 \\[2ex] 3,6 \cdot 10^4 \text{ h}^{-1} & \text{für } z_1 \in Z_{(4)}^* \text{ .} \end{cases} \tag{185}$$

Für die <u>nicht bemerkbaren Einzelausfälle</u> $z_1^* \in Z_{NB}^*$ aus (60) bzw. (184) kann man die Summe aller Ausfallraten als Schätzwert für $\nu_{z_1^*}$ ansetzen:

$$\tilde{\nu}_{z_1^*} = \sum_{z_1^*=1}^{78} \lambda_{z_1^*} = 1,89 \cdot 10^{-6} \text{ h}^{-1} \text{ , } z_1^* \in Z_{(i)}^* \text{ , } i = 6,7 \tag{186}$$

Um weiter die Schätzwerte der Übergangsraten $\gamma_{z_1^*}$ nach (64) berechnen zu können, ist eine Abschätzung der Teilmengen $Z_{GF}^*(z_1^*)$ erforderlich. Da ein Einzelausfall $z_1^* \in Z_{(1)}^*$ aus (184) mit einem weiteren Einzelausfall $z_2^* \in Z_{(2)}^*$ einen <u>gefährlichen Zweifachausfall</u> $q_2^* = (z_1^*, z_2^*)$ bilden kann, so muß man, falls keine nähere Untersuchung durchgeführt wird, alle Zweifachausfälle dieser Kombination als gefährlich betrachten. Zu den Einzelausfällen z_1^* aus der erwähnten Teilmenge $Z_{(1)}^*$ aus (184) gibt es außerdem Einzelausfälle aus den Mengen Z_{NB}^* und Z_{GF}^* aus (60), mit denen sich ebenfalls ein gefährlicher Zweifachausfall ergeben kann. Daher müssen, falls wiederum keine nähere Untersuchung durchgeführt wird, alle Zweifachausfälle dieser Art als gefährlich betrachtet werden.
Damit ergibt sich für die Einzelausfälle $z_1^* \in Z_{(1)}^*$ eine Abschätzung der Menge der zweiten Einzelausfälle z_2^*

$$\tilde{Z}_{GF}^*(z_1^*) = Z_{(2)}^* \cup Z_{NB}^* \cup Z_{GF}^* \text{ , } z_1^* \in Z_{(1)}^* \text{ , } \tag{187}$$

für die ein <u>gefährlicher Zweifachausfall</u> möglich ist.

In ähnlicher Weise können Überlegungen für die Einzelausfälle $z_1^* \, \mathrm{e} \, z_{(i)}^*$, $i = 2,3,\ldots 7$ aus (184) durchgeführt werden. Die Kombinationen der möglichen gefährlichen Zweifachausfälle sind in der Tab. 12 zusammengestellt.

i	Menge der ersten Einzelausfälle z_1^*	Menge der zweiten Einzelausfälle z_2^*
1	$z_{(1)}^*$	$z_{(2)}^* \cup z_{NB}^* \cup z_{GF}^*$
2	$z_{(2)}^*$	$z_{(1)}^* \cup z_{GF}^*$
3	$z_{(3)}^*$	z_{GF}^*
4	$z_{(4)}^*$	z_{GF}^*
5	$z_{(5)}^*$	$z_{(1)}^* \cup z_{GF}^*$
6	$z_{(6)}^*$	z_{GF}^*
7	$z_{(7)}^*$	$z_{(1)}^* \cup z_{GF}^*$

<u>Tab. 12.</u> Abschätzung der möglichen gefährlichen Zweifachausfälle

Die Schätzwerte der Übergangsraten $\gamma_{z_1^*}$ können nun nach (64) berechnet werden:

$$\widetilde{\gamma}_{z_1^*} = \sum_{z_2^* \, \mathrm{e} \, \widetilde{z}_{GF}(z_1^*)} \lambda_{z_2^*} \quad , \quad \text{für} \quad z_1^* \, \mathrm{e} \, z_{(i)}^* \quad i = 1,2,\ldots 7 \quad (188)$$

wobei vereinfacht $\lambda_{z_1^*,z_2^*} = \lambda_{z_2^*}$ nach (62) angesetzt wird.

Eine numerische Auswertung dieser Schätzwerte kann nach den Tab. 4,5,7,8 und 9 sowie (44) leicht durchgeführt werden.

In Tab. 13 sind die nach (185), (186) und (188) geschätzten Werte der Übergangsraten

$$\left.\begin{array}{l}\widetilde{\gamma}_{(i)} = \widetilde{\gamma}_{z_1^*} \\[2mm] \widetilde{\nu}_{(i)} = \widetilde{\gamma}_{z_1^*}\end{array}\right\} \quad \text{für} \quad z_1^* \in z_{(i)}^* \quad , \quad i = 1,2,\ldots 7 \qquad (189)$$

zusammengestellt.

In dieser Tabelle sind auch die nach (167) berechneten Übergangsraten als Schätzwerte

$$\widetilde{\lambda}_{(i)} = \sum_{z_1^* \in z_{(i)}^*} \lambda_{z_1^*} \quad , \qquad i = 1,2,\ldots .7$$

aufgeführt.

i	$\widetilde{\lambda}_{(i)}$ $[10^{-7}\ h^{-1}]$	$\widetilde{\gamma}_{(i)}$ $[10^{-7}\ h^{-1}]$	$\widetilde{\nu}_{(i)}$ $[h^{-1}]$	$\widetilde{MTDF}_{(i)}$ $[h]$
1	4,439	7,278	1,0	$3,10\cdot 10^{12}$
2	4,439	4,441	1,0	$5,07\cdot 10^{12}$
3	4,005	0,001	1,0	$2,50\cdot 10^{16}$
4	1,010	0,001	$3,6\cdot 10^{4}$	$3,56\cdot 10^{21}$
5	2,226	4,440	1,0	$1,01\cdot 10^{13}$
6	0,200	0,001	$1,89\cdot 10^{-6}$	$9,55\cdot 10^{11}$
7	0,612	4,440	$1,89\cdot 10^{-6}$	$7,18\cdot 10^{7}$

<u>Tab. 13.</u> Schätzwerte der Übergangsraten

Der Schätzwert der mittleren Zeit MTDF kann schließlich nach (175) berechnet werden. Nach Einsetzen der Werte aus Tab. 13 und aus (112) erhält man

$$\widetilde{MTDF} \doteq 7,20\cdot 10^{7}\ h \doteq 8,22\cdot 10^{3}\ \text{Jahre.} \qquad (190)$$

In Tab. 13 sind außerdem die nach (171) jeweils für ein Teildiagramm berechneten Schätzwerte $\widetilde{MTDF}_{(i)}$, $i = 1,2,\ldots 7$ aufgeführt. Hieraus und aus (112) kann ebenfalls ein Schätzwert

$\widetilde{\text{MTDF}}$ nach (176) berechnet werden. Man erhält den Wert

$$\widetilde{\text{MTDF}} \doteq 7,13\cdot 10^7 \text{ h} \doteq 8,14\cdot 10^3 \text{ Jahre} \quad . \qquad (191)$$

Die beiden Schätzwerte (190) und (191) stimmen gut überein. Gegenüber der Betrachtung von nur Einzelausfällen zeigt sich bei diesem Beispiel ein erheblicher Einfluß der Zweifachausfälle auf die MTDF.

Abschätzung des Sicherheitsfaktors

Setzt man die in (190) und (158) errechneten Werte in (181) ein, so ergibt sich ein geschätzter Sicherheitsfaktor von

$$\widetilde{k}'_s = \frac{7,20\cdot 10^7 \text{h}}{5,29\cdot 10^5 \text{h}} \doteq 136,1 \quad . \qquad (192)$$

Abschätzung des Sicherheitsgewinns

Mit Hilfe der in (190) und (154) errechneten Werte ergibt sich aus (183) ein geschätzter Sicherheitsgewinn von

$$\widetilde{g}'_s = \frac{7,20\cdot 10^7 \text{h}}{2,46\cdot 10^7 \text{h}} \doteq 2,93 \quad . \qquad (193)$$

Hierbei wurde zum Vergleich die in Abschnitt 4.3.5 ermittelte mittlere Zeit MTDF der Schaltung nach Bild 10 herangezogen, die die gleiche Funktion realisiert und durch operative Maßnahmen nicht gesichert ist.

4.5 Einfluß eines Prüfzyklus

Anhand einer automatischen, bzw. vom Wartungspersonal durchgeführten Prüfung können die nicht bemerkbaren Einzel- bzw. Mehrfachausfälle (z.B. die Einzelausfälle $z_1^* \in Z_{NB}^*$) noch entdeckt werden. Diese Prüfung kann entweder während der regulären Betriebszeit oder außerhalb dieser Zeit vorgenommen werden (bei Anwendung eines Prozeßrechners als on-line bzw. off-line Prüfung bezeichnet). In beiden Fällen wird angenommen, daß der

Prüfungsvorgang selbst keinen Einfluß auf das Ausfallwirkungs- und Sicherungsdiagramm hat.

Wird in einem Prüfzyklus ein Einzel- bzw. Mehrfachausfall entdeckt, so wird das System in den sicheren Zustand (SI) überführt. Dieser Übergang ist bei der Berechnung der mittleren Zeit MTDF zu berücksichtigen.

Die Prüfungen können

    1) in regelmäßigen Zeitabständen (zyklisch) oder

    2) in unregelmäßigen Zeitabständen

durchgeführt werden.

Die mittlere Zeit zwischen zwei Prüfungen sei mit τ^c bezeichnet. Im weiteren werden nur zyklische Prüfungen betrachtet.

<u>Zyklische Prüfungen</u>

Bei Prüfungen in regelmäßigen Zeitabständen entspricht τ^c dem Zeitabstand zweier Prüfungen. Für diesen Fall läßt sich zeigen, daß zur Berechnung der MTDF eine Übergangsrate größer oder gleich als

$$\frac{2}{\tau^c} \tag{194}$$

für den Übergang in den sicheren Zustand SI angenommen werden kann (Bild 25).

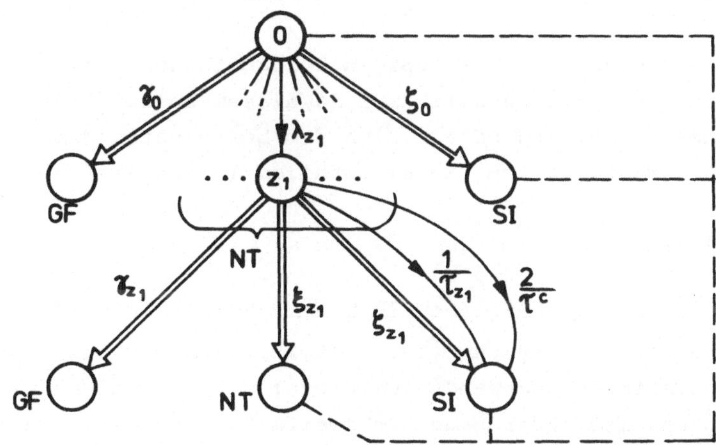

<u>Bild 25.</u> Ausfallwirkungs- und Sicherungsdiagramm bezüglich Einzel- und Zweifachausfällen unter Berücksichtigung eines Prüfzyklus

Ein Prüfzyklus hat also im Prinzip die gleiche Wirkung wie
eine operative Sicherungsmethode. Die Sicherungsrate wird um
den Wert (194) erhöht:

$$\sigma_{z_1} = \zeta_{z_1} + \frac{1}{\tau_{z_1}} + \frac{2}{\tau^c} \quad . \tag{195}$$

Dies wirkt sich am stärksten bei nichtbemerkbaren Ausfallarten
aus, für die

$$\frac{1}{\tau_{z_1}} = 0 \quad .$$

Beispiel 13

Die Schaltung in Beispiel 2 (Abschnitt 4.1.7) werde durch das
Wartungspersonal einmal im Jahr geprüft. Die Übergangsrate
nach (194) beträgt

$$\frac{2}{\tau^c} = \frac{2}{1 \text{ Jahr}} \doteq 2,28 \cdot 10^{-4} \text{ h}^{-1} \quad . \tag{196}$$

Wird nun bei der Berechnung der mittleren Zeit MTDF die Übergangsrate (196) berücksichtigt, erhält man statt (191) folgenden Schätzwert:

$$\widetilde{\text{MTDF}} \doteq 8,43 \cdot 10^9 \text{ h} \doteq 9,62 \cdot 10^5 \text{ Jahre} \quad . \tag{197}$$

Durch die Prüfung in regelmäßigen Zeitabständen von nur einem
Jahr wird die mittlere Zeit MTDF in diesem Beispiel um ein
Vielfaches erhöht und nähert sich dem berechneten Wert von
$1,1 \cdot 10^6$ Jahre bezüglich Einzelausfällen (siehe Gl.(157)).

Beispiel 14

Einzel- bis Dreifachausfälle im URTL-Schaltkreissystem

Im URTL-Schaltkreissystem [12,15,16,22,31] wurde eine operative
Sicherungsmethode angewandt. Um Einzelausfälle in Bausteinen
zu erkennen, ist jeder Baustein zweifach vorhanden. Damit die
Erkennungszeit klein und vom Datenfluß unabhängig wird, wurden
dynamische Signale verwendet.

Die Funktionstüchtigkeit der Bausteine wird dadurch während
der Betriebszeit in regelmäßigen Zeitabständen τ automatisch
getestet.

Als Übergangsrate für den Übergang in den sicheren Zustand SI
wird nach (194) der Wert $\frac{2}{\tau}$ angesetzt.
Ein Teildiagramm für einen Zwillingsbaustein bezüglich Zweifachausfällen zeigt Bild 26.

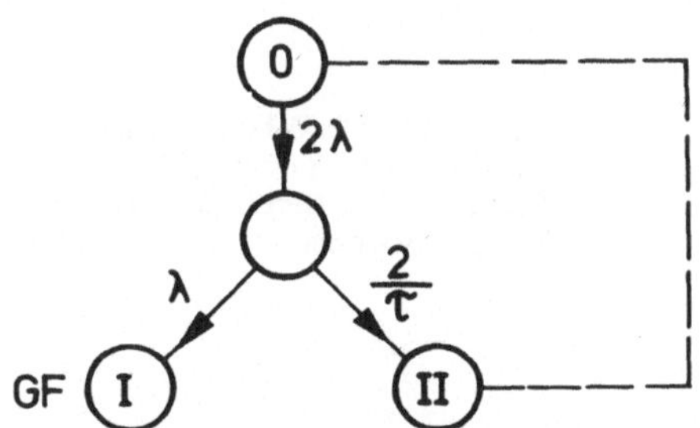

Bild 26. Teildiagramm be-
züglich Zweifachausfällen
im URTL-Schaltkreissystem

Eine Abschätzung der mittleren Zeit MTDF erhält man aus (175),
(177) und (194) zu:

$$\widetilde{MTDF} \;=\; \frac{1 + \lambda \cdot \tau}{\lambda^2 \tau} \qquad . \tag{198}$$

Falls $\lambda \cdot \tau$ vernachlässigbar klein ist, erhält man ähnlich wie
in (179) die Formel

$$\widetilde{MTDF} \;\doteq\; \frac{1}{\lambda^2 \tau} \qquad . \tag{199}$$

Trotz Anwendung dynamischer Signale gibt es Einzelausfälle, die
datenflußabhängig erkannt werden [15]. Falls es nun zwei solche
Einzelausfälle gibt, die datenflußabhängig erkennbar sind und
mit einem bestimmten weiteren Einzelausfall einen nichterkenn-
baren Dreifachausfall bilden [32], so kann die dafür berechnete
oder geschätzte mittlere Zeit MTDF sogar kleiner als in (199)
sein.
Um die mittlere Zeit MTDF garantiert in gewissen Grenzen zu
halten, kann es angebracht sein, einen <u>zusätzlichen Prüfzyklus</u>

anzuwenden.

Dieser Prüfzyklus kann darin bestehen, in regelmäßigen Zeitabständen Prüfdaten zu verwenden, durch die sich alle datenflußabhängig erkennbaren Einzel- bzw. Mehrfachausfälle bemerkbar machen. Wird bei dem oben erwähnten Dreifachausfall auch die Reihenfolge der Einzelausfälle berücksichtigt, so ergibt sich das in Bild 27 dargestellte Teildiagramm.

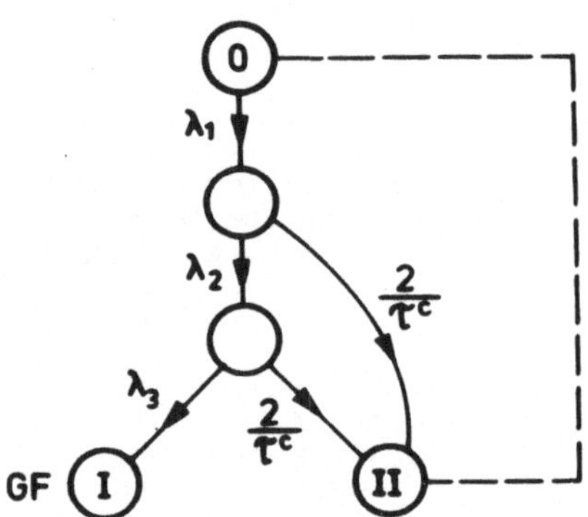

Bild 27. Teildiagramm bezüglich 3-fach-Ausfällen im URTL-Schaltkreissystem

Die mittlere Zeit MTDF' (s. auch Bild 20 und Formel (144)) erhält man aus (143) in der Form:

$$
MTDF' = \frac{1 + \dfrac{\lambda_1}{\lambda_2 + \dfrac{2}{\tau^c}}\left(1 + \dfrac{\lambda_2}{\lambda_3 + \dfrac{2}{\tau^c}}\right)}{\dfrac{\lambda_1}{\lambda_2 + \dfrac{2}{\tau^c}}\left(\dfrac{\lambda_2}{\lambda_3 + \dfrac{2}{\tau^c}} \cdot \lambda_3\right)}
\tag{200}
$$

Falls für den Zeitabstand zwischen zwei Prüfungen

$$
\frac{2}{\tau^c} \gg \lambda_2 + \lambda_3
\tag{201}
$$

gilt, so kann (200) vereinfacht werden:

$$
MTDF' \doteq \frac{4}{\lambda_1 \cdot \lambda_2 \cdot \lambda_3 (\tau^c)^2}
\tag{202}
$$

Soll nun für den untersuchten Dreifachausfall die mittlere Zeit

MTDF' in (202) größer sein als die in (199) für den Zweifachausfall ermittelte Zeit $\widetilde{MTDF}$, d.h.

$$MTDF' > \widetilde{MTDF} \qquad (203)$$

so muß die Zeit τ^C folgender Bedingung genügen:

$$\tau^C < 2 \sqrt{\frac{\lambda^2 \cdot \tau}{\lambda_1 \cdot \lambda_2 \cdot \lambda_3}} \quad . \qquad (204)$$

Legt man folgende Zahlenwerte zugrunde [15]:

$$\lambda = \lambda_1 = \lambda_2 = \lambda_3 = 10^{-7} \ h^{-1}$$
$$\tau = 10^{-5} \ s \ \doteq \ 2{,}78 \cdot 10^{-9} \ h \qquad (205)$$

so erhält man aus (204)

$$\tau^C < 2 \cdot 0{,}167 \ h = 20 \ min \quad .$$

Falls die Zeit $\tau^C > 20$ min beträgt, ist die Zeit MTDF bezüglich
des untersuchten Dreifachausfalls (202) kleiner als die bezüglich eines Zweifachausfalls, der datenflußunabhängig erkennbar
ist (199).

Werden die Ausfallraten in (205) auf $10^{-8} \ h^{-1}$ verbessert, erhält man aus (204)

$$\tau^C < 63 \ min \qquad (206)$$

d.h. es genügt, nur einmal pro Stunde eine Prüfung mit Prüfdaten durchzuführen.

Für die in (205) angenommenen Zahlenwerte erhält man aus (199)

$$\widetilde{MTDF} \ \doteq \ 3{,}6 \cdot 10^{22} \ h \ \doteq \ 4{,}1 \cdot 10^{18} \ Jahre \quad . \qquad (207)$$

Falls in einem komplexen System Bausteine dieser Art verwendet
werden, für das schätzungsweise bis 10^6 Teildiagramme nach
Bild 26 bzw. 27 anzunehmen sind, wobei der Schätzwert in (207)
angesetzt werden kann, ergibt sich ein Schätzwert der mittle-

ren Zeit MTDF nach (176) zu

$$\widetilde{\text{MTDF}} \;=\; 4{,}1 \cdot 10^{12} \;\; \text{Jahre.}$$

Für dieses System wird also noch eine genügend hohe Sicherheit bezüglich Einzel- bis Dreifachausfällen der betrachteten Bausteine gewährleistet.

4.6 Berücksichtigung der Zeit, die vergeht, bis sich ein sicherer Prozeßzustand einstellt

In Abschnitt 4.2.2 wurde das Auftreten eines weiteren Einzelausfalls nicht mehr angenommen, falls die sog. SI-Ausfallwirkung eintrat. Da aber eine SI-Ausfallwirkung den Prozeß nicht sofort in einen sicheren Prozeßzustand überführt, kann, bevor dieser Zustand eingetreten ist, ein weiterer Einzelausfall hinzukommen, dessen Wirkung mit zu berücksichtigen ist. Erst wenn sich ein sicherer Zustand im Prozeß eingestellt hat, braucht man das Auftreten eines weiteren Einzelausfalls laut Definition des sicheren Prozeßzustands (Abschnitt 3.2) nicht mehr zu berücksichtigen.

Die Zeit von der SI-Ausfallwirkung eines Einzel- bzw. Mehrfachausfalls bis zur Einstellung eines sicheren Prozeßzustands hängt vom Anwendungsfall ab. Im Ausfallwirkungs- und Sicherungsdiagramm kann dies durch einen Übergang vom SI- in einen sog. SP-Zustand (<u>s</u>icherer <u>P</u>rozeßzustand) dargestellt werden.

In Bild 28 ist der Übergang in den sicheren Prozeßzustand (SP) für Einzelausfälle berücksichtigt.
Dieser Übergang bedeutet z.B. bei einer Eisenbahnsignalsteuerung, daß ein durch einen Einzelausfall auf Rot gestelltes Hauptsignal in diesem Zustand so lange verbleiben muß, bis eine Wirkung im Prozeß eintritt, d.h. ein Zug zum Halten gebracht wird. Falls nun ein weiterer Einzelausfall bewirkt, daß dasselbe Hauptsignal auf Grün (freie Fahrt) umgeschaltet wird, kann ein kurzzeitiges Auftreten der SI-Ausfallwirkung (Hauptsignal auf Rot) unwirksam bleiben.

Die mittlere Zeit τ^{S}, die benötigt wird, um von dem SI- in den

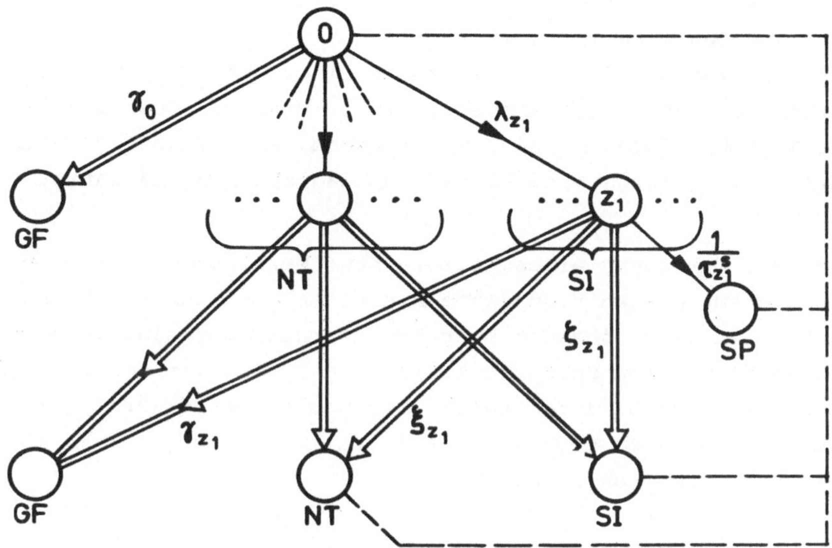

Bild 28. Ausfallwirkungs- und Sicherungsdiagramm
unter Berücksichtigung des Übergangs
in den sicheren Prozeßzustand SP

SP-Zustand zu gelangen, ist für die Abschätzung der Übergangsrate maßgebend. In Bild 28 wird dafür die Bezeichnung $1/\tau_{z_1}^{s}$
verwendet, die noch durch den Einzelausfall z_1 gekennzeichnet
ist. Falls diese Übergangsrate wesentlich größer ist als die
Übergangsraten in den anderen Zuständen, wird die mittlere
Zeit MTDF nur unwesentlich kleiner.
Bei der Berechnung der mittleren Zeit MTDF unter Berücksichtigung des Übergangs in den sicheren Prozeßzustand können alle
oben abgeleiteten Formeln verwendet werden. Sie lassen sich
leicht an das veränderte Diagramm anpassen.

4.7 Berücksichtigung der zur Erhöhung der Verfügbarkeit ein-
gesetzten Redundanzen

Bisher wurde gezeigt, wie die Sicherheitsfunktion bzw. die
Sicherheitskennwerte eines Systems berechnet werden können,
falls Redundanzarten zur Erhöhung der Sicherheit eingesetzt

wurden (zur Ausfallerkennung, zur Beeinflussung der Ausfallwirkung). Dies wird auch am Ausfallwirkungs- und Sicherungsdiagramm deutlich (Bild 15).
Für die Erhöhung der Verfügbarkeit eines Systems kann man
ebenfalls Redundanzen einsetzen (z.B. stand-by Redundanz).
Der Einfluß dieser Redundanzen kann selbstverständlich auch
im Ausfallwirkungs- und Sicherungsdiagramm berücksichtigt
werden.

Nach der Erkennung eines Einzel- bzw. Mehrfachausfalls kann
das System, sofern redundante Einheiten noch zur Verfügung
stehen, in einen Zustand überführt werden, der einer neuen Sy-
stemkonfiguration entspricht. In Bild 29 ist ein solcher Übergang als Beispiel dargestellt. Der neue Zustand wurde mit O_{z_1}
bezeichnet, da er noch von der Ausfallart abhängen kann (Ein-
zel- bzw. Mehrfachausfall).

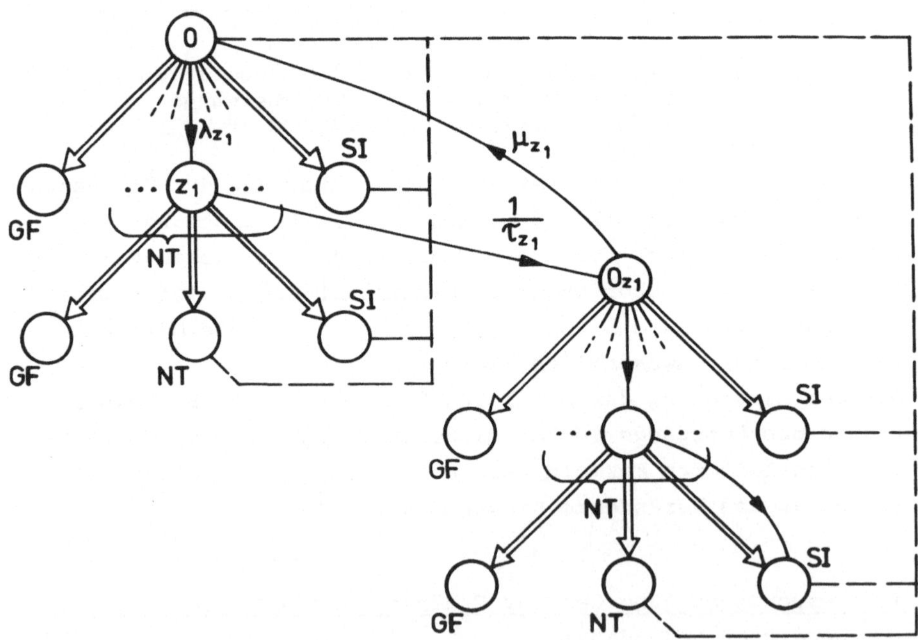

Bild 29. Ausfallwirkungs- und Sicherungsdiagramm unter Berücksichtigung der Redundanz, die zur Erhöhung der Verfügbarkeit eingesetzt wird

Die ausgefallene Einheit kann repariert werden, was einer
Rückführung des Systems in den Zustand 0 entspricht. Der Einfluß der Reparaturzeit kann in diesem Diagramm durch eine ent-
sprechende Übergangsrate μ_{z_1}, auch Reparatur-Rate bezeichnet,
berücksichtigt werden (Bild 29).

Anhand des erhaltenen Diagramms kann man nun die Sicherheitsfunktion bzw. die Sicherheitskennwerte berechnen. Um dabei
einen zu hohen Aufwand zu vermeiden, sollen bei komplexen Systemen oben beschriebene Abschätzverfahren verwendet werden.

Durch Erhöhung der Verfügbarkeit kann also auch die Sicherheit erhöht werden. Dies wirkt sich am stärksten dann aus,
wenn das Steuerungssystem noch eine bestimmte Zeit verfügbar
sein muß, um den Prozeß in einen sicheren Zustand überführen
zu können (s. Abschnitt 3.2).

5. Berechnung der Sicherheit von Automatisierungssystemen

Hinsichtlich der Anwendung von Prozeßrechnern kann man zwischen zwei Typen von Automatisierungssystemen unterscheiden:

1) Automatisierungssysteme ohne Prozeßrechner
2) Automatisierungssysteme mit Prozeßrechnern

5.1 Automatisierungssysteme ohne Prozeßrechner

In Kapitel 4 wurden Methoden zur Berechnung der Sicherheit digitaler Schaltungen auf Bauelemente-Ebene beschrieben.

Diese Methoden können auch auf der Geräte-Ebene angewandt werden. Die kleinste betrachtete Einheit stellt dann ein Gerät dar, das verschiedene Ausfallarten haben kann.

Durch den Ausfall eines oder mehrerer Geräte, jeweils in einer bestimmten Ausfallart, kann ein unzulässiges (gefährliches) Ereignis der Art ③ oder ④ im System auftreten (vgl. Bild 1). Um dies feststellen zu können, müssen die Wirkungen eines Geräteausfalls oder mehrerer für verschiedene Ausfallarten auf die Funktion des Systems untersucht werden. Mit Hilfe eines geeigneten Kriteriums für das Auftreten von unzulässigen (gefährlichen) Ereignissen der Art ③ oder ④ läßt sich dann für das betrachtete System das in Kapitel 4 behandelte Ausfallwirkungs- und Sicherungsdiagramm auf der Geräteebene erstellen.

Bei bekannten (berechneten oder geschätzten) Übergangsraten kann schließlich eine Berechnung oder Abschätzung der Sicherheitskenngrößen nach den beschriebenen Methoden durchgeführt werden.

5.2 Automatisierungssysteme mit Prozeßrechnern
  (Prozeßautomatisierungssysteme)

Werden in Automatisierungssystemen Prozeßrechner angewandt, muß bei der Berechnung der Sicherheit zwischen der Hardware und Software unterschieden werden.

5.2.1 Hardware

Für die Hardware-Einheiten eines Prozeßrechensystems können
die gleichen Überlegungen gemacht werden, wie sie für Geräte
im Abschnitt 5.1 gemacht wurden. Man erhält schließlich die
Sicherheitskenngrößen hinsichtlich der Ausfälle von Hardware-
Einheiten.

5.2.2 Software

Im Gegensatz zur Hardware ist ein Ausfall in der Software
nicht möglich. Sie besteht nicht aus elementaren Einheiten
wie Bauelementen, die einem Ausfallprozeß unterworfen sind.

Die Software kann aber Fehler verschiedener Art enthalten,
z.B. Programmierfehler, Entwurfsfehler usw. Diese Fehler
können bei größeren Software-Einheiten nie völlig ausgeschlossen werden. Die Software-Fehler unterscheiden sich
von Ausfällen im wesentlichen dadurch, daß sie alle von An-
fang an in der Software enthalten sind. Die Funktion des Gesamtsystems (Hardware und Software) unterscheidet sich bereits zu Beginn der Betriebszeit von ihrer fehlerfreien
Funktion.
Wird nun diese durch Software-Fehler veränderte Funktion des
Systems nach einem Kriterium hinsichtlich der Sicherheitsforderungen geprüft, so gibt es zwei Möglichkeiten:
1) Das Kriterium ist erfüllt: Die Funktion des Systems kann
   durch Software-Fehler verändert werden, sie ist aber von
   den gefährlichen Veränderungen verschieden.
2) Das Kriterium ist nicht erfüllt: Die Funktion des Systems
   wurde durch Software-Fehler gefährlich verändert.

Wird nun angenommen, daß die Software während der gesamten
Betriebszeit nicht verändert wird, kann man sofort schreiben:

$$\text{MTDF} = \begin{cases} \infty\,, & \text{falls das Kriterium erfüllt,} \\ 0\,, & \text{falls das Kriterium nicht erfüllt ist.} \end{cases}$$

Für eine größere Software-Einheit, die hinsichtlich einer
möglichen gefährlichen Veränderung praktisch nicht zu testen
ist, muß angenommen werden, daß das Kriterium nicht erfüllt

ist. Die mittlere Zeit MTDF ist daher für die Beurteilung
der Software-Sicherheit nicht geeignet.
Dagegen kann die mittlere Zeit MTDS, bis ein gefährliches
Steuersignal ausgegeben wird, als geeignete Sicherheitskenngröße verwendet werden. Diese Zeit, wie schon in Abschnitt
4.1.3 erwähnt, hängt noch vom Anwendungsfall, d.h. Datenfluß,
ab. Es ist daher möglich, daß trotz Software-Fehlern, durch
die die Funktion des Systems gefährlich verändert wurde (d.h.
MTDF = O), die mittlere Zeit MTDS für einen bestimmten Anwendungsfall den Wert unendlich annimmt (MTDS → ∞), wenn die
vorhandenen Software-Fehler durch den anwendungsspezifischen
Datenfluß nie in Erscheinung treten. Dieselbe Software kann
aber in einem anderen Anwendungsfall eine sehr kleine MTDS
haben.

Um auch in Software-Systemen, die nie völlig fehlerfrei sind,
eine hohe Sicherheit zu erreichen, müssen wirksame Sicherungsmethoden angewandt werden. Man muß also mit Hilfe verschiedener Verfahren, z.B. durch Anwendung von Software-Redundanzen
mit garantierter Software-Diversität [14], Fehler in der Software im on-line Betrieb entdecken, bevor sie sich gefährlich
auswirken können. Der Sicherungskreis von Bild 4 muß also
auch für die Software aufgebaut werden.

In der Literatur werden mathematische Modelle, die die Auswirkungen von Software-Fehlern quantitativ beschreiben, nur
sehr spärlich behandelt. Man findet solche Veröffentlichungen
unter dem Stichwort "Softwarezuverlässigkeit".

Für die quantitative Beschreibung der Sicherheit bezüglich
der Auswirkungen von Software-Fehlern gibt es bis heute leider noch kein mathematisches Modell. Die Schwierigkeit liegt
im wesentlichen darin, daß sich kaum oder nur sehr schwer
Wahrscheinlichkeiten darüber ermitteln lassen, wieviele Fehler in einer Software enthalten sind. Außerdem lassen sich
Software-Fehler kaum nach den Auswirkungen unterteilen. Die
Vielfalt der Fehler und deren Auswirkungen sind praktisch
unbegrenzt.

Die oben vorgeschlagene Sicherheitskenngröße MTDS kann also
für Software-Systeme erst dann eine Anwendung finden, wenn
sich für ein mathematisches Modell auch die notwendigen
Wahrscheinlichkeiten (z.B. Software-Fehler-Erkennungswahr-
scheinlichkeit) ermitteln lassen.

5.2.3 Das Gesamtsystem

Bei der Berechnung der Sicherheit des Gesamtsystems (Hardware und Software) müssen die Wirkungen sowohl der Ausfallarten der Hardware-Einheiten als auch die der Fehler in den
Software-Einheiten berücksichtigt werden. Da aber eine quantitative Bewertung der Auswirkungen von Software-Fehlern
noch ein ungelöstes Problem darstellt, kann ein Automatisierungssystem vorerst nur hinsichtlich der Auswirkungen von
Hardware-Ausfällen quantitativ bewertet werden. Dafür können
die hier abgeleiteten Rechen- bzw. Abschätzverfahren verwendet werden.

Zusammenfassung

In der vorliegenden Arbeit wird das in letzter Zeit an Bedeutung zunehmende Problem, die Sicherheit von Automatisierungssystemen quantitativ zu ermitteln, behandelt.

Zunächst wird für den in den verschiedensten Zusammenhängen häufig verwendeten Begriff "Sicherheit" erstmalig eine klare und einheitliche Darstellung durch Folge von Ereignissen gegeben. Diese Darstellung ist für die Untersuchung der Sicherheit von technischen Systemen am besten geeignet und entspricht auch den sprachlichen Gewohnheiten. Zur Illustration wird ein einfaches Beispiel gegeben.

Diese Darstellung durch Folge von Ereignissen ermöglicht es, die Sicherheit sowohl qualitativ als auch quantitativ zu definieren (Kapitel 2). Es werden dabei fünf Sicherheitsarten unterschieden. Dies hat zur Folge, daß die in dieser Arbeit eingeführte Sicherheitsfunktion und die Sicherheitskennwerte auf die jeweiligen Sicherheitsarten zu beziehen sind. Aus der gewählten Darstellung ergibt sich weiter eine klare Abgrenzung zwischen den Zuverlässigkeits- und Sicherheitsmaßnahmen.

In Kapitel 3 werden die prinzipiellen Möglichkeiten zur Erhöhung der Sicherheit dargelegt. Die in der Praxis verwendeten Sicherungsmethoden, die oft sehr unterschiedlich sind, werden hier zum ersten Mal einheitlich dargestellt. Es wird dabei zwischen sog. vorbeugenden und operativen Sicherungsmethoden unterschieden. Bei der operativen Sicherung wird weiter durch Hervorhebung der drei wichtigsten Funktionen - Erkennung, Auswertung und Beeinflussung - die Wirkungsweise verdeutlicht.

Der Berechnung und der Abschätzung der Sicherheit von Automatisierungssystemen kommt in der vorliegenden Arbeit eine besondere Bedeutung zu (Kapitel 4). Es werden Methoden sowohl für die Berechnung des exakten Sicherheitskennwerts als auch für dessen Schätzwert entwickelt. In beiden Fällen muß das hier eingeführte Ausfallwirkungs- und Sicherungsdiagramm erstellt werden. Das Diagramm kann dann nach der Methode der Markow-Ketten gelöst werden. In der Arbeit werden die Lösungen

bezüglich Einzel- Zweifach- und allgemein N-fach-Ausfällen
anhand dieser Diagramme analytisch in geschlossener Form
durchgeführt.

Bei der Abschätzung der Sicherheitskennwerte können die hier
beschriebenen Vereinfachungen vorgenommen werden. Es wird gezeigt, daß die Abschätzverfahren der gestellten Bedingung
(160) genügen und der errechnete Schätzwert den exakten Wert
gut approximiert.

Die hergeleiteten Methoden werden, ohne dabei die Allgemeingültigkeit einzuschränken, an Beispielen einfacher digitaler
Schaltungen verdeutlicht.

In der Arbeit wird noch gezeigt, daß weitere Einflußfaktoren,
wie Prüfzyklus, Verzögerungszeit (bis sich ein sicherer Prozeßzustand einstellt), stand-by Redundanz, im Ausfallwirkungs-
und Sicherungsdiagramm leicht berücksichtigt werden können.
Die hergeleiteten Berechnungsformeln können wiederum an das
veränderte Diagramm leicht angepaßt werden.

Abschließend wird in Kapitel 5 die Möglichkeit der Anwendung
der vorgestellten Methoden auf Automatisierungssysteme behandelt. Dabei wird das noch nicht gelöste Problem, quantitative
Bewertung der Software-Sicherheit, deutlich sichtbar.

Literaturverzeichnis

[1]   Zuverlässigkeit von Geräten, Anlagen und Systemen-
      Begriffe, NTG 3002, NTZ 1970 Heft 1, S.47,48.

[2]   VDE-Bestimmung für elektrische Eisenbahn-Signalanlagen,
      DIN 57831, März 1976.

[3]   Barlow, R.E., Proschan, F.: Mathematical Theory of
      Reliability. J. Wiley, New York, 1965.

[4]   Brümmer, H.: Einführung in die Zuverlässigkeit elektro-
      nischer Bauelemente, Geräte und Systeme. Elektroniker
      1976, Nr.2, S.1-10.

[5]   Frey, H.: Computerorientierte Methodik der Systemzuver-
      lässigkeits- und Sicherheitsanalyse, ETH Zürich, 1973.

[6]   Görke, W.: Zuverlässigkeitsprobleme elektronischer
      Schaltungen. Hochschultaschenbücher-Verlag, Mannheim
      1969.

[7]   Görke, W.: Fehlerdiagnose digitaler Schaltungen. Teub-
      ner, Stuttgart 1973.

[8]   Hartmann, W.: Kybernetik, Grundlage moderner Sicher-
      heitsanalysen. Industrielle Organisation 38 (1969),
      Nr.7, S.319-322.

[9]   Hartmann, W.: Zuverlässigkeit und Systemsicherheit.
      Industrielle Organisation 39 (1970), Nr.2, S.79-81.

[10] Heinze, K.: Die Zustandsanalyse, ein neues Verfahren
      für die Zuverlässigkeitsanalyse von Systemen. Techn.
      Zuverlässigkeit in Einzeldarstellungen (1966) Heft 8,
      S.11-40.

[11] Konakovsky, R.: A New Method to Investigate the Safety
      of Control Systems. IFAC-Congress, Boston 1975,
      Reprints Part II D.

[12] Kopperschmidt, G.: Taktversorgung und Überwachung im
      URTL-Schaltkreissystem U1. Siemens-Zeitschrift 48
      (1974), H.7, S.503-506.

[13] Lauber, R.: Methoden zur Sicherung prozeßrechnergeführ-
      ter Systeme. VDI-Fachberichte Bd.26 (1970), S.127-133.

[14] Lauber, R.: Safe Software by Functional Diversity.
      Working paper No.37, Purdue Europe, TC 7, Safety and
      Security, 1975.

[15] Lohmann, H.J.: Grundlegende Entwicklung eines monoli-
      thischen Schaltkreissystems zum Aufbau von Fail-safe-
      Schaltwerken. Dissertation, Braunschweig 1968.

[16] Lohmann, H.J.: URTL Schaltkreissystem U1 mit hoher
Sicherheit und automatischer Fehlerdiagnose. Siemens-
Zeitschrift 48 (1974), H.7, S.490-494.

[17] Lotz, A.: LOGISTAT-LOGISAFE, das Schaltkreissystem für
höchste Sicherheitsanforderungen. Techn.Mitt. AEG 62
(1972) 4/5, S.176-178.

[18] Marganitz, A.: Zuverlässigkeit und Sicherheit elektronischer Geräte. Elektronik 1974, Heft 6, S.213-217.

[19] Meschkowski, H.: Wahrscheinlichkeitsrechnung. Hoch-
schultaschenbücher-Verlag, Mannheim 1968.

[20] Mine, H., Koga, Y.: Basic Properties and a Construc-
tion Method for Fail-Safe Logical Systems. IEEE Trans.
on El. Comp. Vol. EC-16, No 3, June 1967, p.282-289.

[21] Pahl, G.: Sicherheitstechnik aus konstruktiver Sicht.
Konstruktion 23 (1971), H.6, S.201-208.

[22] Pauly, A.: Umsetzer für Eingangs- und Ausgangssignale
des URTL-Schaltkreissystems U1. Siemens-Zeitschrift
48 (1974) H.7, S.499-503.

[23] Petry, J., Pfeifer, B.: LOGISTAT-LOGISAFE, das fehler-
sichere Schaltkreissystem. Techn.Mitt. AEG 62 (1972),
1, 22-25.

[24] Schneeweiss, W.: Zuverlässigkeitstheorie. Springer-
Verlag, Berlin 1973.

[25] Schneeweiss, W.: Analyse von Zuverlässigkeitsproblemen
bei der Prozeßautomatisierung. Regelungstechnik 1976,
Heft 3, S.73-80.

[26] Schneider, W.: Berechnung der Sicherheit von parallel-
redundanten Schaltwerken. Dissertation, TU Braunschweig,
1974.

[27] Schwier, W.: Gedanken zur Sicherheitsphilosophie der
Eisenbahntechnik. Signal und Draht 66 (1974) 5, S.81-90.

[28] Störmer, H.: Mathematische Theorie der Zuverlässigkeit.
R. Oldenbourg, München 1970.

[29] Technische Zuverlässigkeit, Herausg.v. MBB München.
Springer-Verlag, Berlin 1971.

[30] Tohma, Y., Okyama, Y.: Realization of Fail-Safe-
Sequential Machines by Using a k-out-of-n Code. IEEE
Trans. on Comp. Vol.C-20, No.11, 1971.

[31] Weißell, R.: Grundbausteine und Logikbaugruppe des
URTL-Schaltkreissystems U1, Siemens-Zeitschrift 48
(1974) H.7, S.495-499.

[32] Wolf, H.: Entwurf eines Prozeßrechensystems, das
hohen Sicherheitsanforderungen genügen soll. Diplom-
arbeit, Universität Stuttgart, 1975.

Sachwortverzeichnis

Lebenslauf

<u>Persönliches</u>

Rudolf Konakovsky, geboren am 1.Mai 1940 in Preßburg, Tsche-
choslowakei, Sohn des Ministerialrats Rudolf Konakovsky und
dessen Ehefrau Herma, geb. Royko, Professorin der Musik.
Seit 1969 verheiratet mit Zdenka, geb. Kilik, Dipl.-Ing.

<u>Ausbildung und beruflicher Werdegang</u>

1946-1957   Grundschule und Gymnasium in Preßburg, C.S.S.R.

Juni 1957   Abitur am Gymnasium in Preßburg

1957-1958   Studium der Mathematik und Physik an der Univer-
            sität Preßburg

1958-1963   Studium der Elektrotechnik an der Universität
            Preßburg, Fachgebiet: Automatisierung und Rege-
            lungstechnik

Dez. 1963   Diplomexamen

1964-1968   wissenschaftlicher Mitarbeiter am Institut für
            Technische Kybernetik, Tschechoslowakische Aka-
            demie der Wissenschaften, Preßburg

1968-1969   wissenschaftlicher Mitarbeiter bei Prof. Dr.-Ing.
            R. Perret am Institut für Automation der Universi-
            tät Grenoble, Frankreich

1969-1972   tätig als Dipl.-Ing. bei der Fa. R.Bosch, Schwie-
            berdingen, Entwicklungszentrum; Tätigkeitsgebiet:
            Prozeßrechnereinsatz

Seit 1972   wissenschaftlicher Mitarbeiter bei Prof. Dr.-Ing.
            R. Lauber am Institut für Regelungstechnik und
            Prozeßautomatisierung der Universität Stuttgart